高等职业教育机电类专业系列教材

U0379111

数控线切割加工技术实训教程

主　编　孙务平　卢向民

副主编　韩玥霆　梅宇超

主　审　单艳芬

西安电子科技大学出版社

内 容 简 介

　　本书根据目前高等职业院校数控电加工教学与实训的需要及学生特点来编写，项目中的实训任务设计具有创新性，旨在提高学生学习兴趣，达到教学的目的。

　　本书由四大项目构成，内容从入门到加工精度最高的数控慢走丝线切割技术，层层递进。在项目一中，实训任务包括线切割初识、安全操作与维护保养等内容。项目二中，实训任务为制作钩形扳手、吉他形状开瓶器、伞状弯形挂钩和多功能钥匙扣。项目三中，实训任务为制作镂空立方体置物盒、小榔头、冷冲模凹模和凸凹模。基于目前大多数职业院校不具备慢走丝实训条件，故项目四中介绍了一个企业加工实例，作为拓展内容。

　　本书可作为高职院校、技工院校、职业院校机械制造专业、机电一体化专业、数控技术专业、模具制造专业的教材，也可作为相关各类职业人员培训的教材。

图书在版编目(CIP)数据

数控线切割加工技术实训教程/孙务平，卢向民主编. —西安：西安电子科技
大学出版社，2018.8(2023.7 重印)
ISBN 978-7-5606-4995-5

Ⅰ.① 数⋯　Ⅱ.① 孙⋯　② 卢⋯　Ⅲ.① 数控线切割—技术培训—教材
Ⅳ.① TG48

中国版本图书馆 CIP 数据核字(2018)第 160057 号

策　　划　李惠萍
责任编辑　马武装
出版发行　西安电子科技大学出版社(西安市太白南路 2 号)
电　　话　(029)88202421　88201467　　邮　　编　710071
网　　址　www.xduph.com　　　　　电子邮箱 xdupfxb001@163.com
经　　销　新华书店
印刷单位　陕西天意印务有限责任公司
版　　次　2018 年 8 月第 1 版　　2023 年 7 月第 2 次印刷
开　　本　787 毫米×1092 毫米　1/16　印　张　14
字　　数　332 千字
印　　数　3001～5000 册
定　　价　35.00 元

ISBN 978-7-5606-4995-5/TG

XDUP 5297001-2

　　如有印装问题可调换

前　言

数控电火花线切割机床并不是我国发明的，但我国是第一个将线切割机床运用于工业生产的国家。快走丝线切割机床和 3B 代码程序是我国的独创，并且市场保有量很大，从业人员众多。近年来在快走丝线切割机床基础上发展出来的中走丝线切割机床，以降低运丝速度成为其显著特点。虽然切割精度和表面粗糙度依然不及慢走丝线切割机床，但其相对低廉的整机价格，加工速度与切割精度的合理配置使其有着良好的发展前景。目前市场上介绍数控线切割的图书种类繁多但专注于操作实训的教材较少，为此我们编写这本"零起点"实训教材，希望能够满足各大职业院校对学生线切割实训以及行业企业对从事线切割专业人员培训的普遍要求。

本书共设置了四个项目，项目间是递进关系，各院校可以根据实训条件和时间来选择相应的实训内容，也可以指导学生在本书提供的任务框架内自行设计加工任务，发挥学生的主体作用，达到举一反三、学以致用的目的。本书的项目一介绍数控线切割的入门知识，目的是让初学者了解安全操作，维护保养等基本内容。项目二通过四个实用且能激发学生创意的教学任务来学习高速走丝线切割加工技术。项目三通过装配件和企业模具零件的制作来学习中速走丝线切割加工技术。项目四属于拓展部分，通过一个企业实例介绍了低速走丝线切割机床的特点与加工技术。书中每个项目各有其特点，其中项目二中任务一运用了我国独有的 3B 程序手工编制代码；任务二运用 CAXA 线切割软件将图形文件转换成 3B 代码程序；任务三通过 AutoCAD 绘图软件中的 AutoCut 插件生成加工轨迹，切割完成后需通过手工弯形完成制作；任务四通过 AutoCAD 绘图软件中的 AutoCut 插件生成跳步线。项目三中任务一使学生学会在切割前就考虑好装配间隙；在任务二中使学生学会使用夹具装夹定位，保证切割精度，并留合理的工艺搭边，进行多次切割以及通过手工研磨抛光达到粗糙度要求的方法；任务三需通过打表检测确定凹模装夹的位置；任务四难度最大，学会封闭切割与锥孔切割的方法。

本书注重实践环节，部分项目以企业引入的真实模具零件进行编写，更加贴近企业实际需求；图文并茂的编写方式、详细清晰的操作步骤，更加方便学生学习，使学生达到"会做"及"做成"的最终目的。

本书由孙务平、卢向民任主编，韩玥霆、梅宇超任副主编，单艳芬任主审。由于编者水平有限，书中难免存在不妥之处，敬请广大读者批评指正。

编　者

2018 年 4 月

目　　录

项目一 数控线切割加工技术实训入门

任务一 初识数控线切割机床

能力目标

(1) 能够理解电火花数控线切割(简称数控线切割)的加工原理;

(2) 能够分辨电火花数控线切割机床的种类。

一、任务描述

认识电火花数控线切割技术,了解电火花数控线切割机床的具体分类。

二、任务分析

本任务通过了解电火花加工概念,进而初步认识电火花数控线切割的基本原理、加工条件和特点,以及电火花数控线切割机床的种类,为后续的实际应用打下基础。

三、任务准备

(1) 设备准备:快走丝电火花数控线切割机床、中走丝电火花数控线切割机床、慢走丝电火花数控线切割机床。

(2) 多媒体准备:常用多媒体教学设备。

四、任务实施

电火花数控线切割加工技术是一种特种加工技术,是先进制造技术的一个重要分支,具有很强的实用价值,其加工手段在许多情况下是常规制造技术无法替代的,在超硬材料、导体和半导体、复杂型面、模具加工等领域发挥着重要的作用。目前随着信息技术、网络技术、航空航天技术、材料技术等的发展,电火花数控线切割技术也不断朝着细微化、高效化、精密化和智能化的方向发展。

(一)数控电火花加工

1. 电火花加工概念

电火花加工又称为电蚀加工或放电加工,是指在绝缘介质中,利用工具电极和工件之间的脉冲性火花放电所产生的局部、瞬时高温，对金属材料进行蚀除的一种加工方法。

可以将电火花加工想象成工件在一定条件下经受闪电冲击，由于这个过程中产生了大量的热能，工件表面直接汽化，如图 1-1-1 所示。

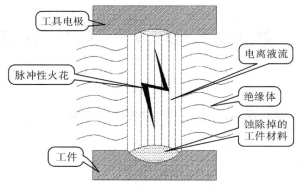

图 1-1-1　电火花加工原理简图

2. 电火花加工的发明

1943 年，苏联科学家拉扎连科夫妇在研究中发现，浸入油中的触点产生的火花电蚀凹坑比空气中产生的凹坑更加一致，并且凹坑尺寸可以控制。由此，他们就利用这种现象，采用火花放电的方法对材料进行放电腐蚀，从而发明了一种加工方法——电火花加工。最初使用脉冲电源及简单的电阻-电容回路，如图 1-1-2 所示。

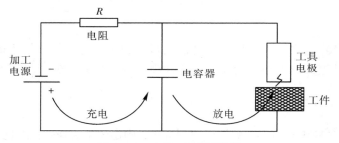

图 1-1-2　电阻-电容回路图

3. 电火花加工原理

电火花加工是一个非常复杂的过程，其微观过程是热力、流体力、电场力、磁力、电化学等综合作用的结果。下面简单介绍电火花加工的微观过程，这一过程可分为 5 个阶段，如图 1-1-3～图 1-1-7 所示。

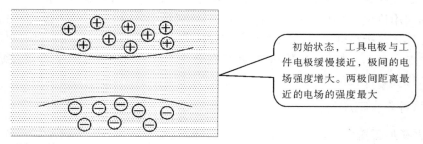

图 1-1-3　初始状态

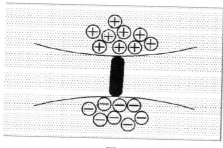

图 1-1-4　极间介质的电离、击穿，形成放电通道

> 绝缘介质被电离、击穿，形成放电通道。工作液中的杂质及自由电子在电场作用下，形成带负电和带正电的粒子，电场强度越大，带电粒子就越多，最终形成放电通道

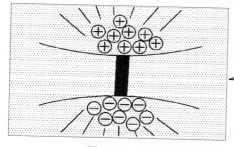

图 1-1-5　极间介质热分解、电极材料熔化、汽化热膨胀

> 火花放电，电极材料熔化、汽化热膨胀。通道间产生大量的热能，瞬间达到很高的温度，使工作液汽化，并使两电极表面的金属材料熔化、汽化

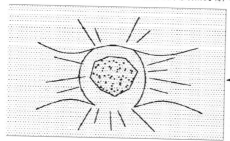

图 1-1-6　蚀除材料被排出

> 蚀除物被排出。工作液和金属被汽化后不断向外膨胀，形成内外瞬间压差，高压处的熔融金属液体和蒸汽被排挤，抛出放电通道，大部分抛入工作液中

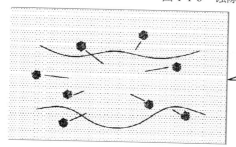

图 1-1-7　极间介质的电离消除

> 恢复绝缘状态。加工液流入放电间隙，将电蚀产物及残余的热量带走，恢复绝缘状态

上述过程在 1 s 的时间里要重复发生上千次甚至上万次，以非常高的频率连续不断地放电，工件不断地被蚀除，在工件的加工表面上就形成了无数个相互重叠的小凹坑。这些小凹坑逐渐累积，最终形成了工件的加工表面。

4．电火花数控线切割加工的基本原理

电火花数控线切割加工是利用细金属线(常用的有钼丝、黄铜丝等，统称电极丝)作为负极，工件作为正极，在电极丝和工件之间施加高频的脉冲电压，并置于乳化液或者去离子水等工作液中，使其不断产生火花放电，工件不断被电蚀，从而达到对工件进行加工的目的。电火花数控线切割加工的基本原理如图 1-1-8 所示。

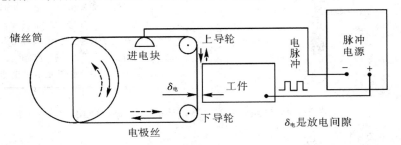

图 1-1-8　电火花数控线切割加工基本原理

电极丝与工件之间要保持一定的放电间隙。脉冲电源在电极丝和工件两极之间施加脉冲电压，脉冲电压和脉冲电流在一次放电过程中的变化如图 1-1-9 所示。

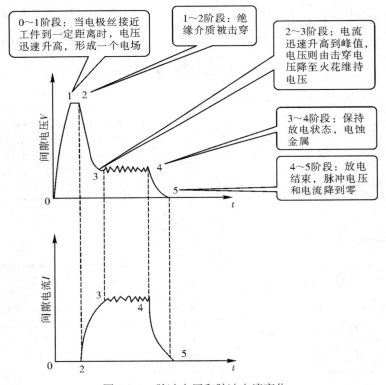

图 1-1-9　脉冲电压和脉冲电流变化

5. 电火花数控线切割加工的必备条件

(1) 电极丝与工件之间必须保持一定的放电间隙。在间隙范围内，既可以满足脉冲电压不断击穿介质，产生火花放电，又可以适应在火花通道熄灭后介质消除电离以及排出电蚀产物的要求。如果间隙过大，极间电压不能击穿极间介质，则不能产生火花放电；如果间隙过小，则容易形成短路连接，也不能产生火花放电。

(2) 必须在有一定绝缘性能的液体介质(工作液)中进行加工，如皂化油、去离子水等。

工作液的作用有三个：一是有利于产生脉冲性的火花放电；二是方便排除间隙内电蚀产物；三是冷却电极。

（3）放电必须是短时间的脉冲放电。由于放电时间短，产生的热能来不及向加工材料内部扩散，从而把能量作用局限在很小范围内，保持火花放电的冷极特性。

（4）必须保证两个电脉冲之间有足够的间隔时间，使放电间隙中的介质消电离。也就是使放电通道中的带电粒子复合为中性粒子，恢复本次放电通道处间隙中介质的绝缘强度，以免总在同一处发生放电。

6．电火花数控线切割加工的特点

1）电火花数控线切割的优点

（1）能加工传统加工方法难以加工或无法加工的高硬度、高强度、高脆性、高韧性等导电材料及半导体材料。

（2）由于电极丝极细，可以加工细微异形孔、窄缝和复杂形状零件。

（3）由于工件被加工表面受热影响较小，适于加工热敏感材料，且脉冲能量集中在很小的范围内，加工精度较高。

（4）在加工过程中，电极丝与工件不直接接触，没有宏观切削力，有利于加工低刚度零件。

（5）加工产生的切缝窄，实际金属蚀除量很少，材料利用率高。

（6）与电火花成型相比，以电极丝代替成型电极，省去了成型工具电极的设计和制造费用，缩短了生产准备时间。

（7）一般采用水基工作液，安全可靠。

（8）直接利用电能加工，电参数可调，便于实现加工过程自动控制。

2）电火花数控线切割的缺点

（1）使用电极丝需进行贯通加工，所以不能加工盲孔类零件和具有阶梯表面的零件。

（2）使用电极丝电蚀金属，能量有限，生产效率较低。

（二）电火花数控线切割机床的分类

电火花数控线切割机床的分类方法有多种，一般可以按照机床的走丝速度、工作液供给方式、电极丝位置等进行分类。

1．按走丝速度分类

根据电极丝的走丝速度，电火花数控线切割机床分为快走丝电火花数控线切割机床、中走丝电火花数控线切割机床和慢走丝电火花数控线切割机床三类。这是电加工行业普遍采用的分类方法。所谓快走丝、中走丝和慢走丝是指电极丝的运动速度，而不是机床的加工速度，三种机床的加工速度基本一致。

快走丝电火花数控线切割机床的电极丝在加工中做高速往复运动，一般走丝速度为 $8\sim12$ mm/min，电极丝可重复使用。为了保证火花放电时不被烧断，电极丝必须作高速运动，目的是避免火花放电总在电极丝的局部位置。但是，高的走丝速度容易造成电极丝抖动和换向时的停顿，且电极丝是循环往复使用的，它的直径随着加工进程而变细，导致工件尺寸精度降低，表面质量变差。图 1-1-10 所示为快走丝电火花数控线切割机床。

图 1-1-10　快走丝电火花数控线切割机床

　　中走丝电火花数控线切割机床是近年来新出现的机床。中走丝电火花数控线切割机床的加工速度和质量介于快走丝电火花数控线切割机床和慢走丝电火花数控线切割机床之间，准确地说，应该称其为多次切割的快走丝电火花数控线切割机床，走丝速度为 1～12 mm/min。图 1-1-11 所示为中走丝电火花数控线切割机床。

图 1-1-11　中走丝电火花数控线切割机床

　　慢走丝电火花数控线切割机床的电极丝在加工中作低速单向运动，一般走丝速度低于 2 mm/min，电极丝放电后就不再使用，工作平稳、均匀、抖动小、加工尺寸精度高，且表面质量好，但是对温度和湿度等环境要求很高，是国内外高精密生产和使用的主要机床。随着我国制造水平的快速提升和发展，我国也在生产慢走丝电火花数控线切割机床，它们主要用来加工高精度的模具零件。图 1-1-12 所示为慢走丝电火花数控线切割机床。

　　在后面章节中，数控电火花线切割机床简称为数控线切割机床。

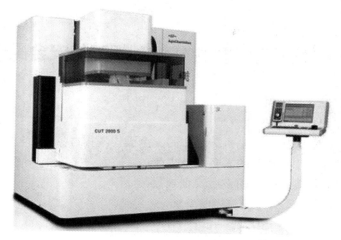

图 1-1-12　慢走丝电火花数控线切割机床

2. 按工作液的供给方式分类

按工作液的供给方式，电火花数控线切割机床可分为冲液式机床和浸液式机床。

冲液式电火花数控线切割机床采用冲液(上下两股射流)沿电极丝输送工作液，快走丝电火花数控线切割机床都采用这种方式。

浸液式电火花数控线切割机床的放电加工是在工作液中进行的。在浸液状态下，工件在工作区域恒定的温度下加工可获得更高的加工精度，并且具有良好的工件防锈效果。

3. 按电极丝的位置分类

电火花数控线切割机床按电极丝位置可分为立式和卧式两种，立式电火花数控线切割机床的电极丝是沿垂直方向进行加工的，卧式电火花数控线切割机床的电极丝是沿水平方向进行加工的。

五、任务评价

对本次任务进行评价分析，任务评价内容见表 1-1-1。

表 1-1-1　本任务评价表

项目	序号	评价内容	配分	学生解答	教师评分	得分
初识数控数控线切割机床	1	电火花加工的概念	20			
	2	电火花加工的发明	20			
	3	电火花数控线切割加工的基本原理	20			
	4	电火花数控线切割加工的必备条件	20			
	5	电火花数控线切割机床的分类	20			
		总　分	100			

任务二　数控线切割加工的安全操作

能力目标

    (1) 掌握电火花数控线切割机床加工的安全操作规程；

    (2) 能够遵守加工操作时的人身安全规范；

    (3) 能够遵守加工操作时的设备安全规范。

一、任务描述

    掌握电火花数控线切割机床加工安全操作规程应从两个方面进行，一是人身安全，二是设备安全。

二、任务分析

    通过观察学习，能够掌握电火花数控线切割的具体操作规范和相关安全警示标记，理解它们的基本设置条件和特点，为后续的具体操作打下基础。

三、任务实施

    电火花数控线切割的操作规范关系到操作者的人身安全，也关系到设备和产品的安全。

（一）人身安全规范操作

    (1) 操作者必须熟悉电火花数控线切割加工机床的操作，禁止未经培训的人员擅自操作机床。图 1-2-1 所示为机床上常见的警告标志。

图 1-2-1　危险警告标志

(2) 操作者应了解电火花数控线切割加工机床各部分的工作原理、结构性能、操作程序及紧急停止按钮所在的位置，机床外形如图 1-2-2 所示。

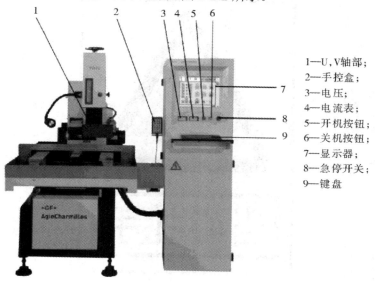

1—U、V 轴部；
2—手控盒；
3—电压；
4—电流表；
5—开机按钮；
6—关机按钮；
7—显示器；
8—急停开关；
9—键盘

图 1-2-2 机床外形

(3) 初次操作机床者，必须仔细阅读电火花数控线切割加工机床操作用户说明书，并在专业人员指导下进行操作。

(4) 实训时，操作人员的衣着要符合安全要求，穿绝缘工作鞋，戴安全帽。

(5) 加工中严禁用手或手持导电工具同时接触脉冲电源的两极（电极丝与工件），以防触电，相关警告标志如图 1-2-3 所示。

图 1-2-3 禁止触摸标志

(6) 手工穿丝时，注意防止电极丝扎手，相关警告标志如图 1-2-4 所示。

图 1-2-4　当心扎手标志

（二）设备安全

(1) 装夹工件时，必须考虑机床的工作行程，加工区域必须在机床行程范围之内。

(2) 工件及装夹工件的夹具高度必须低于机床线架的高度，否则，加工过程中工件或夹具会撞上线架而损坏机床。

(3) 在搬移、安放质量大的工件时，要注意安全，在工作台上要轻移轻放，如图 1-2-5 所示。

图 1-2-5　搬移工件图

(4) 手动或自动移动工作台时，必须注意电极丝的位置，避免电极丝与工件或夹具产生干涉而造成断丝，如图1-2-6所示。

图1-2-6　电极丝与工件相对位置图

(5) 加工之前应当关闭防护门，防止意外，如图1-2-7所示。

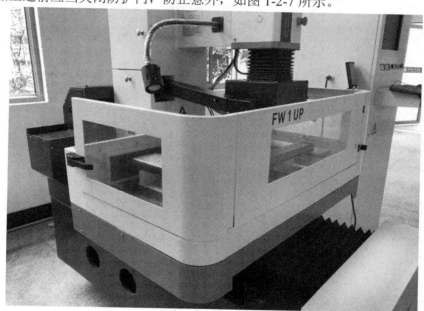

图1-2-7　机床防护门关闭状态

(6) 机床附近不得放置易燃易爆物品，防止因工作液偶尔供应不足产生火花而引发事故。

(7) 防止机床工作液进入电器部分，一旦发生短路、火灾，应首先切断电源，用合适的灭火材料灭火，不得用水灭火。机床周围须放置足够的灭火器材，如图1-2-8所示。

图 1-2-8　灭火器

(8) 机床运行时，不得将身体靠在机床上，不得把工具和量具放在移动的部件上，如图 1-2-9 所示。

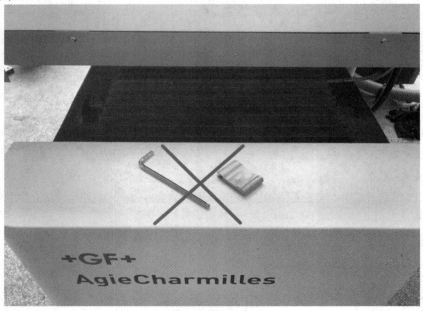

图 1-2-9　物品放置错误

（9）使用过的废电极丝要放在指定的容器内，防止混入电路和运丝系统。

（10）更换后的工作液应放置于指定的容器内，不得与生活污水混合处置。

（11）加工过程中如发生紧急情况，可按下急停按钮停止机床运行。工作结束后应关闭总电源。

四、任务评价

对本次任务进行评价分析，任务评价内容见表 1-2-1。

表 1-2-1　本任务评价表表

项目	序号	评价内容	配分	学生解答	教师评分	得分
数控数控线切割加工的安全操作	1	安全及警告标记	20			
	2	各按钮功能与作用	20			
	3	安全操作规程	20			
	4	人身安全	20			
	5	设备安全	20			
其他	6	安全文明生产（按有关安全文明要求酌情扣 1～5 分，严重的扣 10 分）	扣分			
		总　　分	100			

任务三　数控线切割机床的维护保养

能力目标

（1）了解定期维护保养机床的重要性；

（2）掌握数控线切割机床日常的维护保养要素；

（3）学会更换过滤器滤芯。

一、任务描述

本任务要对数控线切割机床进行维护保养，通过更换过滤器滤芯将数控线切割机床日常维护保养的要求融入到实践操作中。

二、任务分析

数控线切割机床的维护和保养直接影响到机床的切割性能，所以应经常对机床清理、润滑和维护并更换过滤器滤芯。除了正确操作更换滤芯外，还需对机床进行较系统全面的维护保养，保证滤芯的使用寿命和机床处于良好状态。

三、任务准备

(1) 设备准备：中谷快走丝数控线切割机床。

(2) 工具准备：活络扳手、抹布。

(3) 材料准备：新滤芯、水、工作液。

四、任务实施

（一）机床日常维护保养

数控线切割机床的维护和保养直接影响到机床的切割性能。与一般的机床相比，数控线切割机床的维护和保养尤其显得重要，经常对机床清理、润滑和维护，是保证机床精度、寿命和提高生产率的必要条件。

1. 机床润滑

按时对机床进行润滑保养，是机床各部件灵活运转的保证。不同部件的润滑要求详见表 1-3-1。

表 1-3-1　机床润滑建议表

序号	润滑部位	润滑剂品牌号	润滑方式	润滑周期	更换周期
1	工作台横向、纵向导轨	锂皂基 2 号润滑脂	油枪注射	每半年一次	大修
2	工作台横向、纵向丝杠	锂皂基 2 号润滑脂	油枪注射	每半年一次	大修
3	滑枕上下移动导轨	锂皂基 2 号润滑脂	油枪注射	每月一次	
4	储丝筒导轨、丝杠、齿轮	40 号机油	手动润滑泵	每班一次	
5	锥度切割装置导轨副及丝杠	锂皂基 2 号润滑脂	装配时填入	永久性	大修

2. 数控线切割工作液的更换

数控线切割工作液的好坏直接影响加工速度和零件表面粗糙度，因此，要根据机床使用频率及时更换工作液，保证加工正常进行。通常情况下，每周换一次工作液，同时清洗工作台等部位。这样可以保证工作液的低导电率，并且有利于加工中进行排屑，提高加工速度。

3. 易损件的更换

导轮、导轮轴承、导电块属于易损件，如果影响加工精度和稳定性时，应及时更换。液箱中的过滤棉应经常更换，过滤纸芯的更换周期大约为 2~3 个月。

4. 机床的清洁

(1) 经常保持机床清洁卫生，及时清除工作液中电腐蚀物，导轮及导电块尤其应保持清洁，不能让电腐蚀物黏附在上面，否则将引起电极丝振动。

(2) 每次工作结束后应立即将机床擦拭干净，在易蚀表面涂一层机油，并定期进行清理。机床、电柜外表油漆面不能用汽油、煤油等有机溶剂擦拭，只能用中性清洁剂或水擦拭。

5. 电柜维护保养

电柜后下方进风口的无纺布过滤网，每月应拆下清理一次，可以用洗涤剂清洗后晾干；有破损时需要更换。

6. 运丝机构维护保养

1）主导轮

（1）要求：转动主导轮，要求灵活无阻滞。

（2）调整：若主导轮影响加工精度或有卡阻现象，可重装轴承盖，必要时更换轴承。

2）辅助导轮

（1）要求：转动辅助导轮，要求灵活无阻滞。

（2）调整：若导轮转动不灵活，或噪声偏大，可更换轴承。

3）储丝筒(以下简称丝筒)

（1）要求：丝筒外圆径向跳动小于0.05 mm，丝筒无异常噪声。

（2）调整：丝筒外圆跳动超差时，在外圆磨床上再重新磨外圆或更换丝筒组件。

7. 一般故障的处理

1）加工放电不稳定时的处理

（1）检查加工材料：一般钢材与特殊材料(如铜等)的切割在稳定性方面有很大区别。

（2）检查放电参数是否合理，调整脉宽与脉间的比例、间隙电压。

（3）若切割区电极丝有明显的跳动，可重装、清洗及更换主导轮轴承。

（4）丝筒外圆跳动超差大于 0.05 mm，引起电极丝抖动，应调整。

（5）若各辅助导轮的跳动引起电极丝的抖动，可清洗、重装及更换导轮轴承。

（6）张紧导轨滑块移动不灵活，影响（减小）了电极丝的张力，应调整。

（7）若导电块磨损严重，应旋转或更换导电块。

（8）若工作液浓度超差过大或太脏，应更换工作液。

2）加工精度、粗糙度达不到要求时的处理

（1）切割区电极不能有明显跳动；

（2）电极丝上下往复运行时，其张力变化应小于±10 g，丝筒、各导轮及张力导轮滑块应灵活无阻卡现象；

（3）更换主导轮；

（4）重新选择放电参数，放电应稳定。

（5）调整装夹工件力度。

（6）若材料的内应力引起变形，应进行热处理。

（7）检查工作台移动的精度、反向间隙。

（8）更换电极丝(电极丝长时间使用后会使精度变差)。

（9）导电块磨损严重，旋转或更换导电块。

（10）工作液浓度超差过大或太脏，应更换工作液。

8. 安全装置的检查维护

每月至少检查一次安全保护装置的功能是否正常，方法如下：

(1) 急停开关。开机后按一下急停开关，检查油泵、控制电机和电柜电源是否关掉。

(2) 停止开关。开机后按下停止开关，检查是否关机。

（二）更换过滤器滤芯

1. 拆卸旧滤芯

(1) 如图 1-3-1 所示，先拆下过滤器上端盖，再松开紧固螺母。

图 1-3-1　过滤器结构

(2) 用扳手卸下紧固螺母，握住拉环将旧滤芯沿固定螺栓向上拉出并合理放置。

2. 更换工作液

(1) 将废工作液倒至废水排放处，洗干净水箱及过滤器。

(2) 清理机床横梁、导轨等地方的工作液和腐蚀物，有必要时更换工作台上的过滤棉。

(3) 在水箱中按比例（以所用工作液说明书为准）配制工作液。

3. 安装新滤芯

(1) 如图 1-3-2 所示，将滤芯中心孔对准固定螺栓，缓缓套至底部。

图 1-3-2　新滤芯

(2) 用活络扳手拧紧紧固螺母，将滤芯固定到位，盖上端盖并旋紧把手。

(3) 开启机床，进行冲水试验，若出水良好，则滤芯更换顺利完成。

五、任务评价

对本次任务进行评价分析，任务评价内容见表 1-3-2。

表 1-3-2　本任务评价表

项目	序号	评价内容	配分	学生自评	教师评分	得分
数控数控线切割机床的维护保养	1	拆卸旧滤芯	20			
	2	清理机床	20			
	3	更换工作液	20			
	4	安装新滤芯	30			
	5	冲水试验	10			
其他	6	安全文明生产（按有关安全文明要求酌情扣 1～5 分，严重的扣 10 分）	扣分			
		总　　分	100			

项目二　快走丝数控线切割加工技术实训

任务一　钩形扳手的制作

能力目标

(1) 学会使用 3B 代码对钩形扳手进行编程；

(2) 掌握使用快走丝数控线切割机床进行薄板零件加工的方法；

(3) 能使用锉刀对切割后的扳手进行去毛刺修整加工。

一、任务描述

本任务要求完成一个如图 2-1-1 所示自紧夹头用钩形扳手的制作，参考尺寸见图 2-1-2，也可以根据实际需求自行设计。

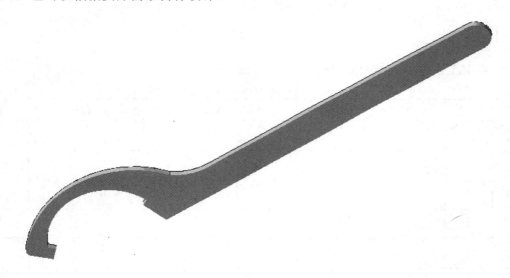

图 2-1-1　钩形扳手三维图

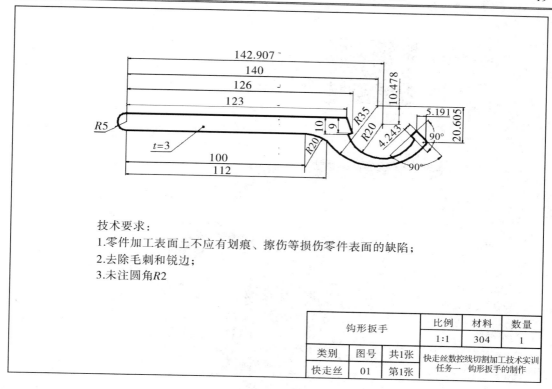

技术要求：

1.零件加工表面上不应有划痕、擦伤等损伤零件表面的缺陷；

2.去除毛刺和锐边；

3.未注圆角R2

钩形扳手		比例	材料	数量
		1:1	304	1
类别	图号	共1张	快走丝数控线切割加工技术实训	
快走丝	01	第1张	任务一 钩形扳手的制作	

图 2-1-2 钩形扳手零件图

二、任务分析

根据钩形扳手形状的复杂程度并结合技术要求，应使用快走丝数控线切割机床一次切割完成，效率高且制作便捷。对于形状结构较为简单的零件，可先采用中国特有的 3B 代码进行编程，然后导入数控线切割软件进行切割。薄板零件坯料装夹时方法要正确并留有足够的切割空间，切割完成再使用锉刀进行局部手工修整、去毛刺和去锐边后即能达到制作要求。

三、任务准备

(1) 材料准备：3 mm 厚不锈钢板材、502 胶水。

(2) 设备准备：如图 2-1-3 所示中谷快走丝数控线切割机床。

(3) 软件准备：AutoCut 编控软件。

(4) 工具准备：活络扳手、锉刀、压板。

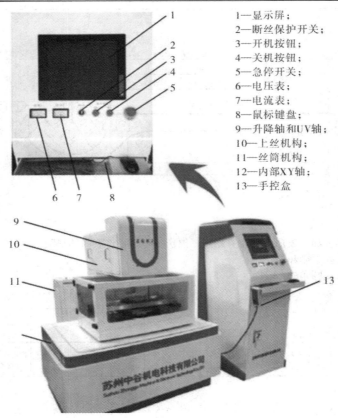

1—显示屏；
2—断丝保护开关；
3—开机按钮；
4—关机按钮；
5—急停开关；
6—电压表；
7—电流表；
8—鼠标键盘；
9—升降轴和UV轴；
10—上丝机构；
11—丝筒机构；
12—内部XY轴；
13—手控盒

图 2-1-3　机床外形

四、任务实施

（一）编程

1. 分析零件形状特点，确定切割起点位置和切割顺序

该零件属于凸模加工，且可以一次走丝完成切割，因此选择在零件图形外设置切割起点，如图 2-1-4 所示。选择以 A 点 Y 轴负方向 25 mm 的 O 点为切割起点，点 A 为程序起点，确定其切割顺序为

$$O \rightarrow A \rightarrow B \rightarrow C \rightarrow D \rightarrow E \rightarrow F \rightarrow G \rightarrow H \rightarrow I \rightarrow J \rightarrow K \rightarrow L \rightarrow A \rightarrow O$$

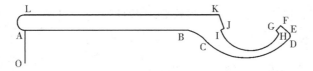

图 2-1-4　切割顺序点位

知识链接

3B 格式编程是早期我国电火花数控切割机床应用的一种编程方式，程序格式如表 2-1-1 所示。

表2-1-1　3B 程序格式

B	X	B	Y	B	J	G	Z
分隔符号	X 坐标值	分隔符号	Y 坐标值	分隔符号	计数长度	计数方向	加工指令

表中各代码的含义：

(1) 分隔符号 B。

作用：用来分隔 X、Y、J 三个数码，以免混淆。

(2) 坐标值 X、Y。

① 分别表示 X、Y 方向的坐标值，不带正负号，取绝对值（即不能用负数）。其单位为 μm，μm 以下应四舍五入。

② 坐标系采用 XOY 平面直角坐标系，加工斜线时，坐标系原点设在斜线的起点；加工圆弧时，坐标系原点设在圆弧的圆心。加工不同的轨迹需平移坐标，但 X、Y 坐标轴的方向不变。以加工本次任务中 OA 段为例，如图 2-1-5 所示坐标原点应为 O 点；以 BC 段为例，如图 2-1-6 所示坐标原点应为 BC 段圆弧的圆心处。

图 2-1-5　OA 段坐标值　　　　　图 2-1-6　BC 段坐标值

③ 加工斜线时，X、Y 为斜线终点的坐标值，也就是加工斜线的终点相对于起点的相对坐标的绝对值。以图 2-1-5 中 OA 段为例，X、Y 取对应 A 点坐标值，即 X=0，Y=25000；加工圆弧时，X、Y 为圆弧起点的坐标值，即圆弧起点相对于圆心的坐标值的绝对值，以图 2-1-6 中 BC 段为例，X、Y 取对应 B 点坐标值，即 X=0，Y=20000。

(3) 计数方向 G。计数方向 G 分为按 X 方向计数 GX 和按 Y 方向计数 GY 两种。

① 加工斜线可按图 2-1-7 选取，当被加工的斜线在阴影区域内，计数方向取 GY，否则取 GX（即加工斜线时，计数方向 G 是线段终点坐标值中较大值的方向）。以 OA 段为例，如图 2-1-8 所示 A 点落在阴影区域内，计数方向取 GY。

② 对于圆弧，当圆弧的加工终点落在图 2-1-9 所示的阴影部分时，计数方向取 GX，否则取 GY（即加工圆弧时，计数方向 G 由圆弧的终点坐标值中绝对值较小的值来确定）。以 BC 段为例，如图 2-1-10 所示 C 点落在阴影区域内，计数方向取 GX。

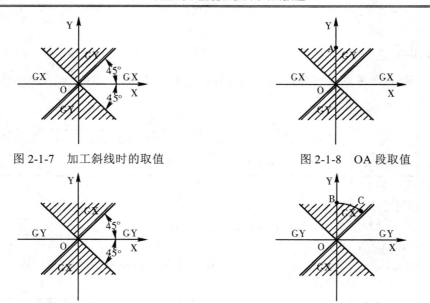

图 2-1-7　加工斜线时的取值　　　　　　　　　图 2-1-8　OA 段取值

图 2-1-9　加工圆弧时的取值　　　　　　　　图 2-1-10　BC 段取值

(4) 计数长度 J。

① 以 μm 为单位，取绝对值。

② 当加工直线时，计数长度 J 由线段的终点坐标绝对值中较大的值来确定。

③ 当加工圆弧时，计数长度 J 应取从起点到终点的某一坐标移动的总距离。当计数方向确定后，J 就是被加工曲线在该方向（计数方向）投影长度的总和，对圆弧来讲，它可能跨越几个象限。

④ 举例说明计数长度的计算：

以如图 2-1-11 所示 OA 段为例，其终点为 A（0，25000），由于 A 点的 Y 坐标值较大，计数方向取 GY，直线 OA 在 Y 轴上的投影长度为 25000，故 J=25000。

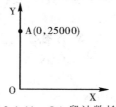

图 2-1-11　OA 段计数长度

又如加工图 2-1-12 所示 BC 段圆弧，由上述可知计数方向取 GX，计数长度为各象限中的圆弧段在 X 轴上投影长度的总和，即 B、C 两点的 X 坐标差，故 J=12000。

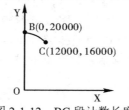

图 2-1-12　BC 段计数长度

(5) 加工指令 Z。

加工指令 Z 共有 12 种，其中斜线 4 种，圆弧 8 种。

① 加工斜线时，当被加工的斜线在第一、二、三、四象限时，分别用 L1、L2、L3、L4 表示，如图 2-1-13 所示。以图 2-1-14 中 OA 段为例，OA 线段在 L2 区域内，因此加工指令 Z 为 L2。

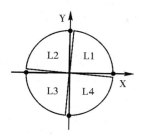

图 2-1-13 斜线加工指令

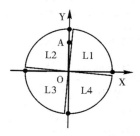

图 2-1-14 OA 段加工指令

② 加工圆弧时，若被加工圆弧的加工起点分别在坐标系的四个象限中，并按顺时针插补，如图 2-1-15 所示，加工指令分别用 SR1、SR2、SR3、SR4 表示；按逆时针方向插补时，如图 2-1-16 所示，分别用 NR1、NR2、NR3、NR4 表示。以 BC 段为例，由于 B 点到 C 点加工方向为顺时针，需选择结合图 2-1-15 进行判断。将 BC 段置于判断坐标系中，如图 2-1-17，由于加工起点 B 位于 SR1 所在区域，加工指令为 SR1。

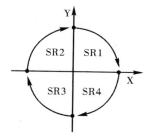

图 2-1-15 顺时针圆弧插补指令

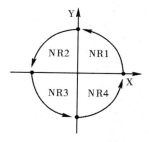

图 2-1-16 逆时针圆弧插补指令

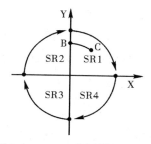

图 2-1-17 BC 段圆弧插补指令

综上所述，可得出 OA 段程序为 B0 B25000 B25000 GY L2，BC 段程序为 B0 B20000 B12000 GX SR1。

2. 按照加工顺序编写 3B 程序代码

(1) 打开记事本，参照图纸编写 3B 程序代码，表 2-1-2 为参考程序与注释(坐标为相对坐标)。

表2-1-2　参考程序与注释

	参考程序	程序注释
N001	B0 B25000 B25000 GY L2	直线从切割起点 O 插补到点 A（0，25 000）
N002	B100000 B0 B100000 GX L1	直线插补到点 B（1 000 000，0）
N003	B0 B20000 B12000 GX SR1	圆弧插补到点 C（12 000，−4000）
N004	B28000 B21000 B27146 GY NR3	圆弧插补到点 D（55 339，854）
N005	B1562 B1249 B2564 GY NR4	圆弧插补到点 E（−148，2663）
N006	B5191 B5191 B5191 GX L2	直线插补到点 F（−5191，5191）
N007	B3000 B3000 B3000 GX L3	直线插补到点 G（−3000，−3000）
N008	B2000 B2000 B2000 GX L4	直线插补到点 H（2000，−2000）
N009	B18093 B8522 B24956 GY SR4	圆弧插补到点 I（−37 000，2000）
N010	B2000 B1000 B2000 GX L1	直线插补到点 J（2000，1000）
N011	B3000 B9000 B9000 GY L2	直线插补到点 K（−3000，9000）
N012	B123000 B0 B123000 GX L3	直线插补到点 L（0，−123 000）
N013	B0 B5000 B10000 GX NR2	圆弧插补到点 A（0，−1000）
N014	B0 B250000 B250000 GY L4	直线插补到点 O（0，−25 000）
N015	DD	程序结束

(2) 保存文件，将文件名后缀改为“.3B”，保存为 3B 格式文件。

提示：根据机床控制软件的功能不同，如不能设置穿丝点位置和补偿值，则需要在编制程序中就写入代码。对于支持设置穿丝点位置和穿丝点的机床控制软件，只需按照图形轮廓编制程序，穿丝点、补偿值等参数可在系统中进行设置。

知识链接

由于选用的电极丝直径、电极丝与材料间放电间隙等因素，加工时电极丝中心所走轨迹与工件轮廓之间存在着尺寸差，可以通过设置补偿值使加工尺寸正确。

(1) 补偿值的计算：

$$补偿值 = \frac{钼丝直径 + 放电间隙}{2}$$

(2) 左补偿或右补偿的确定：

左补偿(见图 2-1-18)——沿加工方向，电极丝偏移在加工图形左边时为左补偿。

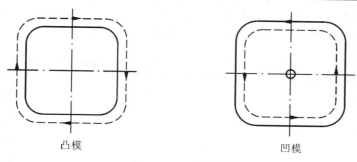

凸模　　　　　　　　　　　　　凹模

图 2-1-18　左补偿

右补偿(见图 2-1-19)——沿加工方向，电极丝偏移在加工图形右边时为右补偿。

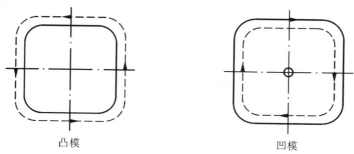

凸模　　　　　　　　　　　　　凹模

图 2-1-19　右补偿

此扳手零件属于凸模加工，走丝方向为逆时针，据此可判断本次加工应选用的补偿类型为右补偿。

（二）切割

1. 导入加工任务

(1) 启动机床，按图 2-1-20 所示"接通"绿色按钮接通机床电源，开启断丝保护。最右侧为急停开关，当遇故障需立即停止加工时，可按下此按钮。

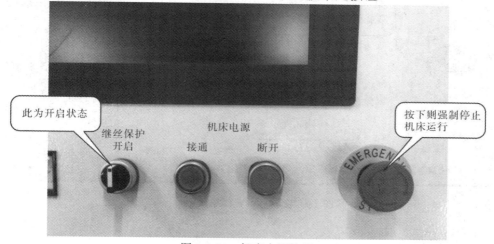

图 2-1-20　机床电源按钮

（2）打开 AutoCut 编控软件，进入如图 2-1-21 所示软件界面。点击"打开文件"按钮，找到 3B 程序代码所在位置，按图 2-1-22 所示步骤导入，系统界面出现如图 2-1-23 所示的扳手平面图。

图 2-1-21　编控软件界面

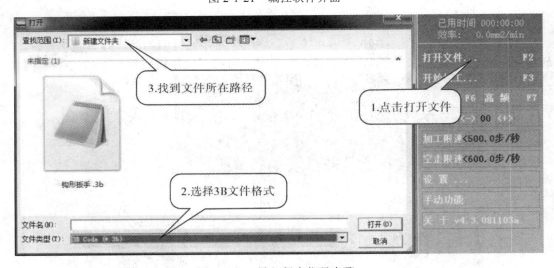

图 2-1-22　导入程序代码步骤

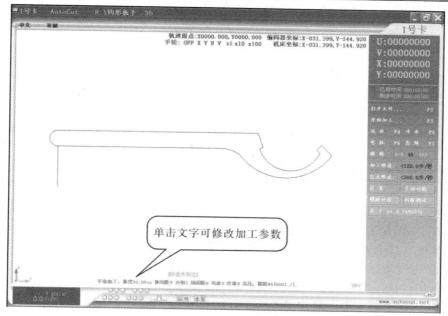

图 2-1-23　参数显示位置

　　(3) 根据加工材料和厚度等因素设置参数，点击图 2-1-23 下方的参数显示处，在弹出如图 2-1-24 所示的"工艺参数"对话框中输入合适的工艺参数，更新并应用该组参数。

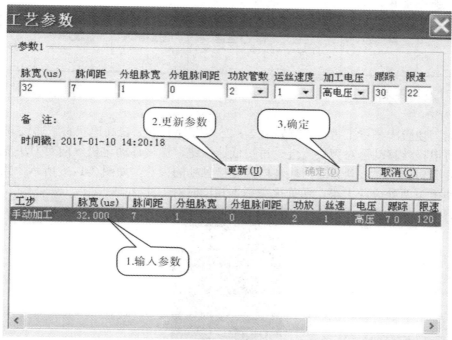

图 2-1-24　"工艺参数"对话框

知识链接

工艺参数的设定，将直接影响切割的过程和工件的质量。

（1）脉宽：单个脉冲放电的宽度。脉宽越宽，单个脉冲的能量就越大，加工电流越大，切割效率也就越高；由于放电时间长，所以加工稳定，但表面粗糙度就差些。

（2）脉间距：两个脉冲之间的间距时间。脉间距越大，加工电流越小，排屑越好。由于厚度大的工件排屑困难，因此就需要适当加大脉间距，这样一方面可使排屑有较充裕的时间，另一方面可减少生成一些杂质，防止断丝，使得加工稳定，所以一般要求脉间距与工件厚度成正比。

（3）功放：功放管数选的越多，加工电流就越大，加工速度也就快一些；但在同一脉冲宽度下，加工电流越大，则表面粗糙度也就越差。

（4）丝速：指储丝筒运丝的速度。数字越大，丝速越慢。一般切割时，丝速调快，装丝时，丝速调慢。

（5）电压挡位：用来调整加工电压的高低。加工电压越高，脉冲能量越大，加工速度也就越快，但工件表面粗糙度就会差些。

（6）跟踪：用来调整加工的稳定性，当加工厚工件时，加工会变得不稳定，此时调大此值，使加工变得稳定。

（7）限速：切割工件时电极丝的移动速度。

本次加工参数参考表 2-1-3（可根据实际情况调整参数）。

表2-1-3　加工参数

脉宽	脉间距	功放	丝速	电压挡位	跟踪	限速
32	8	3	1	高压	45	120

2. 对刀并装夹坯料

1）对刀

将对刀块置于横梁上方，调节如图 2-1-25 所示手控盒，在高速状态下通过调节 X 和 Y 按钮将电极丝移动至对刀块附近，再按低速按钮，慢慢移动电极丝向对刀块靠近。当电极丝碰到对刀块时，观察对刀块与电极丝接触处的火花，如图 2-1-26 所示，凭肉眼判断对刀块上下两处火花大小，两处火花基本相同时对刀完毕。

图 2-1-25　手控盒按钮

图 2-1-26　火花对刀图

 知识链接

通过手控盒上的功能键，可方便快捷地完成一些操作。功能键介绍如图 2-1-27～图 2-1-29 所示。

当电极丝与对刀块接触，对刀块上下火花大小不同时，可通过手控盒调节 U、V 按钮调整电极丝位置。下面简单介绍 U、V 按钮的调节方法。

调节 U、V 可使电极丝上端沿 X 轴和 Y 轴移动，既可使电极丝锥度发生变化，也可用于对刀。按"U+"按钮，电极丝上端向 X 轴正方向移动，按"U−"按钮，电极丝上端向 X 轴负方向移动；按"V+"按钮，电极丝上端向 Y 轴正方向移动，按"V−"按钮，电极丝上端向 Y 轴负方向移动。高速、中速、低速三个速度按钮可以控制 U、V 按钮调节的速度；由于对刀时电极丝位移量较小，为防止断丝，保护对刀块，当电极丝接近对刀块时，应立即停止使用高速按钮。

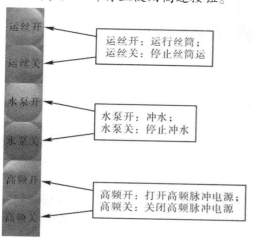

图 2-1-27　功能键介绍(1)

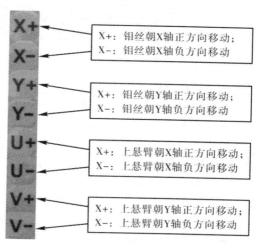

图 2-1-28　功能键介绍(2)

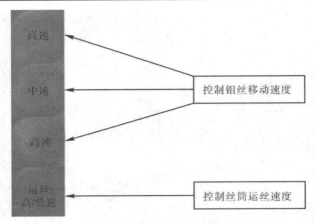

图 2-1-29 功能键介绍(3)

2) 采用桥式支撑方式装夹材料

如图 2-1-30 所示用压块分别将薄板两端装夹在横梁上，采用对角压紧的方式，安装时只需将不带螺母的螺栓顶住横梁，带螺母的螺栓对准螺孔拧入，再用扳手拧紧螺母即可。装夹时注意，保证压板下压作用力在横梁上，否则会使材料受力变形。

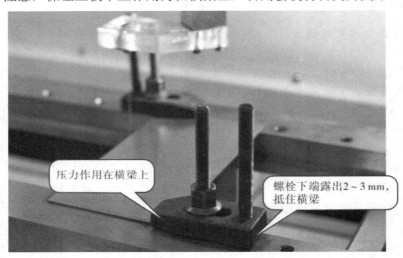

图 2-1-30 装夹材料

3. 运行机床

(1) 操作手控盒，将电极丝移动到切割起点位置。这时需要估算零件位置，保证有足够可切割材料，防止电极丝切割到横梁。

(2) 先点击"冲水"按钮，待到如图 2-1-31 所示有稳定工作液流出时，调节水泵至合适出水量，再点击"运丝"按钮，最后按下"开始加工"按钮，顺序依次进行，不能出错，否则易造成断丝。

(3) 当判断工件由于重力作用将会有部分材料即将下落前，按下"暂停"按钮；吹干净材料与工件上的工作液，在已切割部位滴上 502 胶水；待胶水凝固后，点击"开始"按钮继续加工，以避免由于已加工部分材料下落使工件变形而产生较大的误差。

图 2-1-31　工作液冲水图

（4）加工完成后，机床会发出完成加工信号，用扳手松开压板，取下工件，并将工件表面擦拭干净，以防止生锈。

4. 修整工件表面

由于快走丝数控线切割机床所加工薄板的切割面较为粗糙，因此需要用锉刀和砂纸将扳手修整至光滑、无毛刺。工件成品如图 2-1-32 所示。

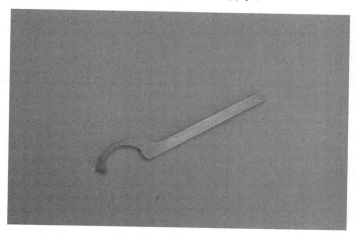

图 2-1-32　钩形扳手实物

 知识链接

当切割过程中发生如切割空间不够等原因导致此次加工作废，需更换材料重新加工时，可先暂停加工，再按"开始加工"按钮，在弹出的如图 2-1-33 所示加工命令选项界面中，在"走步方向"中选择"递向"，电极丝就会按原加工路线的反方向切割至穿丝点。

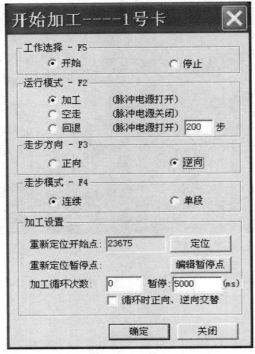

图 2-1-33　加工命令选项界面

五、任务评价

对本次任务进行评价分析，任务评价内容见表 2-1-4。

表 2-1-4　本任务评价表

项目	序号	评价内容	配分	学生自评	教师评分	得分
编程	1	3B 代码编制	30			
	2	读取代码	5			
机床准备	3	检查机床运行	5			
	4	电极丝垂直度调整	10			
零件加工	5	零件装夹	10			
	6	电极丝位置调整	5			
	7	机床运行	20			
外观检测	8	切割表面粗糙度	10			
	9	清洁工作	5			
其他	10	安全文明生产（按有关安全文明要求酌情扣 1～5 分，严重的扣 10 分）	扣分			
		总　　分	100			

任务二　吉他形状开瓶器的制作

能力目标

(1) 会用 CAXA 数控线切割软件将图形文件转换成 3B 代码文件；
(2) 熟练使用快走丝数控线切割机床进行薄板类零件的加工；
(3) 熟练使用锉刀对切割后的开瓶器进行去毛刺修整加工。

一、任务描述

本任务要求完成一个如图 2-2-1 所示吉他形状开瓶器的制作，吉他参考尺寸见图 2-2-2。

图 2-2-1　开瓶器三维图

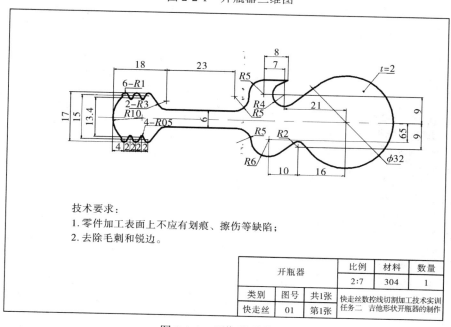

技术要求：
1.零件加工表面上不应有划痕、擦伤等缺陷；
2.去除毛刺和锐边。

开瓶器		比例	材料	数量
		2:7	304	1
类别	图号　共1张	快走丝数控线切割加工技术实训		
快走丝	01　第1张	任务二　吉他形状开瓶器的制作		

图 2-2-2　开瓶器零件图

二、任务分析

根据开瓶器形状的复杂程度并结合技术要求，使用快走丝数控线切割机床一次切割完成，效率高且制作便捷。但开瓶器图形相较于任务一中扳手图形，线条较多且多为曲线，通过算点手工编程花费时间较长，可采用 CAXA 绘图软件绘制图形，再转换成 3B 代码进行加工的方法，省去繁琐的 3B 代码手工编制过程。薄板零件坯料装夹时方法要正确并留有足够的切割空间。切割完成再使用锉刀进行局部手工修整、去毛刺和去锐边后即能达到制作要求。

三、任务准备

(1) 材料准备：2 mm 厚不锈钢板材、502 胶水。
(2) 设备准备：中谷快走丝数控线切割机床。
(3) 软件准备：CAXA 数控线切割软件、AutoCut 编控软件。
(4) 工具准备：活络扳手、锉刀、压板。

四、任务实施

（一）编程

1. 绘制图形

打开 CAXA 绘图软件，利用如图 2-2-3 所示"绘制"菜单中的"基本曲线"命令，结合图 2-2-4 所示"曲线编辑"命令，完成如图 2-2-5 所示开瓶器图形的绘制。

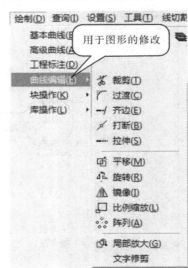

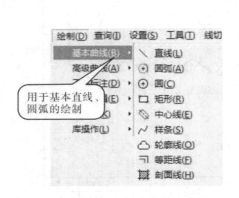

图 2-2-3　基本曲线命令栏　　　　　　　图 2-2-4　曲线编辑命令栏

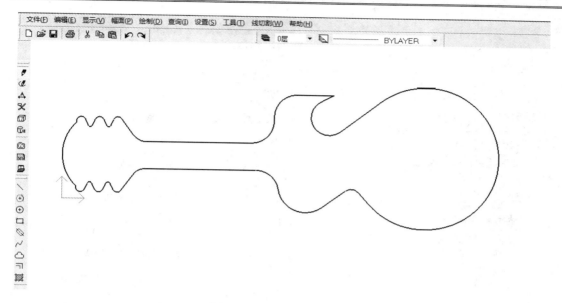

图 2-2-5　开瓶器图形绘制

2. 生成加工轨迹

1) 确定切割起点和切入点

切割起点：开始加工时，电极丝中心所在位置。

切入点：电极丝切割过程中，切割到的工件轮廓上的第一个点。

为了节约加工时间，设定切割起点应尽可能靠近切入点，使电极丝能以较短的时间切割至切入点位置。如图 2-2-6 所示，以 O 点为切割起点，宜设定切入点为 A 点(仅作为参考，可根据实际情况自行调整)。

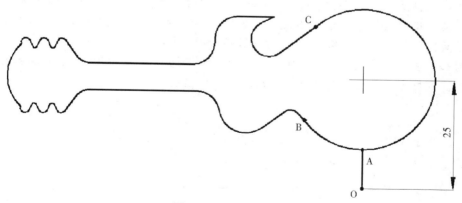

图 2-2-6　切割起点图

2) 生成加工参数

选择图 2-2-7 所示"数控线切割"菜单中的"轨迹生成"命令，在弹出的如图 2-2-8 所示的数控线切割轨迹生成参数表中根据需要设置合适的参数。

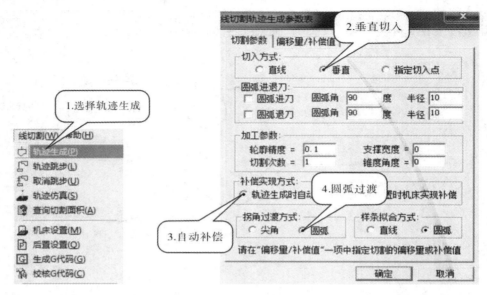

图 2-2-7　轨迹生成命令栏　　　　　　　　图 2-2-8　切割参数设定

 知识链接

数控线切割轨迹生成参数表中各参数选择需根据实际情况确定，下面对影响本章节加工的参数进行介绍。

(1) 切入方式。

① 直线方式：电极丝直接从切割起点切入到加工起始段的起始点。当选取该切入方式时，电极丝将沿从 O 点到 BC 段圆弧起始点的路径切入。若加工方向为逆时针，电极丝将由 B 点往 C 点方向切割，该路径如图 2-2-9 中 OB 段，OB 长度大于 OA 长度，增加了切入时间，降低了加工效率；若加工方向为顺时针，电极丝将由 C 点往 B 点方向切割，该路径则如图 2-2-10 中 OC 段，此时不仅大大增加了切入时间，OC 段切割路径还会将工件切断，直接导致报废，实际操作时切忌犯此类错误。

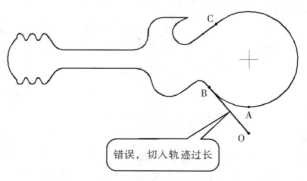

图 2-2-9　切入轨迹过长

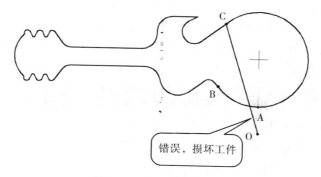

图 2-2-10　切入路径错误

② 垂直方式：电极丝从切割起点垂直切入到加工起始段，以起始段上的垂点为加工起始点。由于 OA 正好垂直于 A 点所在圆弧段，可如图 2-2-6 所示生成 OA 段作为切入路径。

③ 指定切入点方式：电极丝从切割起点切入到加工起始段，以指定的切入点为加工起始点。只需准确选择 A 点为切入点，即可生成 OA 段作为切入路径。

综上所述，为了保证电极丝沿 OA 路径切割，可选择切入方式为垂直方式或指定切入点方式，本次任务选择以垂直方式切入。

(2) 补偿实现方式。

① 轨迹生成时自动实现补偿：生成的轨迹直接带有偏移量，加工时即沿该轨迹加工。

② 后置时机床实现补偿：生成的轨迹在所要加工的轮廓上，通过在后置处理生成的代码中加入给定的补偿值来控制实际加工中所走的路线。

本次任务所用机床不具备后置时机床实现补偿的补偿方式，因此选择轨迹生成时自动实现补偿的补偿方式。

(3) 拐角过渡方式。

① 尖角过渡：轨迹生成中，轮廓的相邻两边需要连接时，各边在端点处沿切线延长后相交形成尖角，以尖角的方式过渡。

② 圆弧过渡：轨迹生成中，轮廓的相邻两边需要连接时，以插入一段相切圆弧的方式过渡连接。

本次任务中，开瓶器卡口处有尖角状，建议选择"圆弧"方式进行拐角过渡，可避免手部割伤，该部分选择不同方式进行拐角过渡的对比如图 2-2-11 所示。

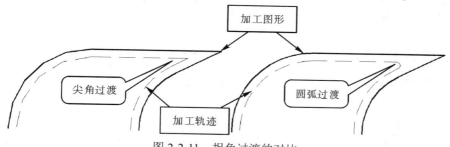

图 2-2-11　拐角过渡的对比

(4) 偏移量/补偿值。

偏移量/补偿值需要根据机床和电极丝实际参数算出，数值为放电间隙和电极丝半径之和。以放电间隙为 0.01 mm 的机床、ϕ0.18 mm 电极丝为例，可算出补偿值为 0.1 mm，将偏移量输入系统，如图 2-2-12 所示。

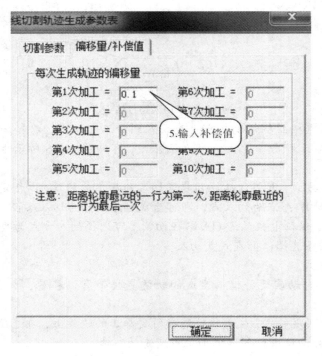

图 2-2-12　偏移补偿参数设定

3) 选择加工方向

首先拾取加工图形的轮廓，点击切入点 A 点所在线段，出现如图 2-2-13 中所示箭头，根据箭头指示选择加工方向，本次任务无论选哪个方向都可顺利完成。

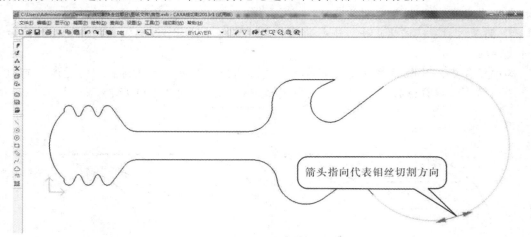

图 2-2-13　选择加工方向

4) 选择补偿类型

加工方向确定后，如图 2-2-14 所示，图形轮廓变为虚线，箭头变为内外指向，箭头方向代表生成的加工轨迹偏移的位置。为保证加工尺寸，加工轨迹需要偏移在图形轮廓外侧，即在图形轮廓外侧左击鼠标。

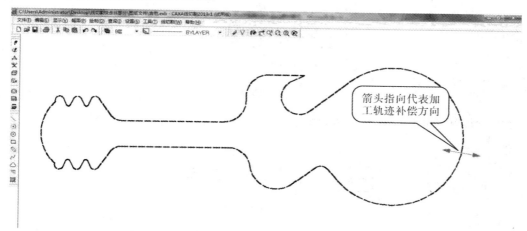

箭头指向代表加工轨迹补偿方向

图 2-2-14　加工轨迹补偿方向确定

5) 选择穿丝点和切入点

补偿类型确定后，命令栏提示选择穿丝点（即切割起点）位置，先在图 2-2-6 中 O 点处左击，选择 O 点为穿丝点，再选择退出点位置（若直接按回车，则默认退出点就是穿丝点），本任务以 O 点为退出点，生成如图 2-2-15 所示加工轨迹。

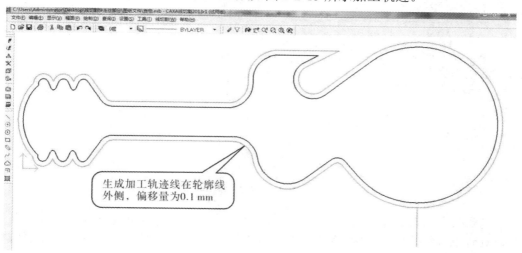

生成加工轨迹线在轮廓线外侧，偏移量为0.1 mm

图 2-2-15　加工轨迹

6) 轨迹仿真

轨迹仿真功能可以对已生成的加工轨迹进行加工过程模拟，以检查加工轨迹的正确性，操作步骤如下：

(1) 选择如图 2-2-16 所示"数控线切割"菜单中的"轨迹仿真"命令。

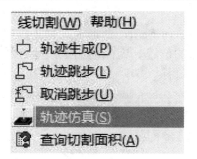

图 2-2-16　"线切割"菜单

　　(2) 拾取加工轨迹，在左下角如图 2-2-17 所示的菜单中可选择仿真模式为"静态"或"连续"。

图 2-2-17　仿真模式选择栏

　　在"静态"模式下选择加工轨迹，生成仿真轨迹如图 2-1-18 所示，各段加工轨迹旁数字显示加工顺序，且用不同颜色显示圆弧段和直线段。

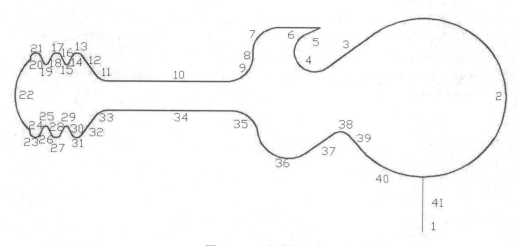

图 2-2-18　仿真轨迹

　　在"连续"模式下选择加工轨迹，可在左下角如图 2-2-19 所示菜单中改变步长值以控制仿真时电极丝的运动速度，确认后生成如图 2-2-20 所示动态仿真视频，图中竖线将模拟电极丝切割加工。

图 2-2-19　步长值选项栏

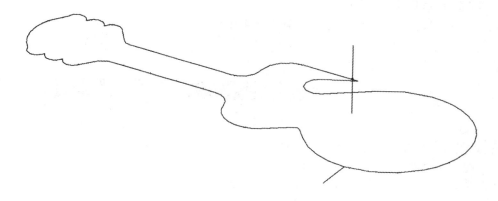

图 2-2-20　动态模拟图

3. 查询切割面积

在数控线切割加工中，通常以单位时间内的切割面积来衡量加工效率，在进行费用计算时，企业也常以切割面积作为依据，因此计算总切割面积是个非常实用的功能。

利用 CAXA 数控线切割软件在生成加工轨迹后，可直接查询切割面积，操作如下：

(1) 选择图 2-2-21 所示"数控线切割"菜单中的"查询切割面积"命令。

(2) 根据提示拾取加工轨迹，在软件左下角命令栏处，输入工件厚度，如图 2-2-22 所示，切割面积就自动生成，如图 2-2-23 所示。

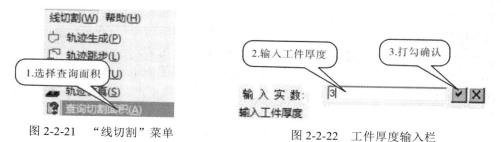

图 2-2-21　"线切割"菜单　　　　　图 2-2-22　工件厚度输入栏

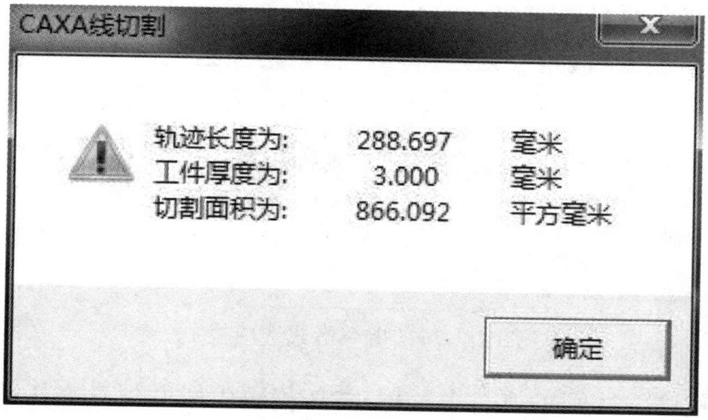

图 2-2-23　切割面积生成图

4．生成 3B 代码文件

（1）选择图 2-2-24 所示"数控线切割"菜单中的"生成 3B 代码"命令，在图 2-2-25 所示对话框中，选择保存类型为 3B 加工代码文件，输入文件名，并将文件保存至适当位置。

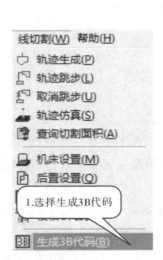

图 2-2-24　选择"生成 3B 代码"命令　　　　　图 2-2-25　"生成 3B 加工代码"对话框

（2）在左下角如图 2-2-26 所示的指令格式选择栏菜单中，选择需要生成的指令格式，并按图完成代码显示类型、停机码、暂停码的输入。各参数含义如下：

指令校验格式：在生成代码的同时，将每一段轨迹的终点坐标也一起输出；

紧凑指令格式：只输出数控程序，并将各指令符紧密排列；

对齐指令格式：将各段程序段代码对齐，每一指令码间用空格隔开；

详细校验格式：不但输出程序代码，还提供各轨迹段起止点的坐标值、圆心坐标值、半径等；

显示代码：系统在生成程序后，自动打开记事本显示代码；若点击切换为不显示代码，则生成程序后不自动显示代码；

停机码 DD：出现在整段程序最后一行，代表切割结束；

暂停码 D：多用于不同轨迹线段中间，需要短暂停止的地方。

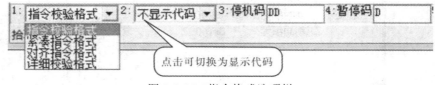

图 2-2-26　指令格式选项栏

（3）选中加工轨迹，按回车或右击鼠标，3B 代码生成并保存完毕。可以生成的不同类型代码的格式，如表 2-2-1 所示。

表2-2-1 不同类型代码格式

代码格式类型	代码格式样式
指令校验格式	Start Point = 0.00000, 0.00000 ; X , Y N001：B 0 B 8900 B 8900 GY L2；0.000, 8.900 N002：B 0 B 16100 B 42088 GX NR4；-9.888, 37.706
紧凑指令格式	B0B8900B8900GYL2 B0B16100B42088GXNR4
对齐指令格式	B 0 B 8900 B 8900 GY L2 B 0 B 16100 B 42088 GX NR4
详细校验格式	Start Point = 0.00000, 0.00000 ; X , Y N001：B 0 B 8900 B 8900 GY L2 （直线起点：0.0000, 0.0000）（终点：0.0000, 8.9000） N002：B 0 B 16100 B 42088 GX NR4 （圆弧起点：0.0000, 8.9000）（终点：-9.8880, 37.7058） （圆 心：0.0000, 25.0000）（半径：16.1000）

（4）扫描右侧二维码可查看参考程序。

（5）代码校核。CAXA数控线切割软件除了能通过加工轨迹生成3B代码外，还可以反读3B代码文件，生成数控线切割加工轨迹，检查该程序代码的正确性。

下面对上述生成的3B代码进行校核：

选择图2-2-27所示"校核B代码"命令，在如图2-2-28所示对话框中将文件类型改为3B加工代码文件，找到文件的保存路径并打开，生成如图2-2-29所示加工轨迹，3B代码校核无误。

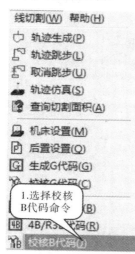

图2-2-27 校核B代码命令

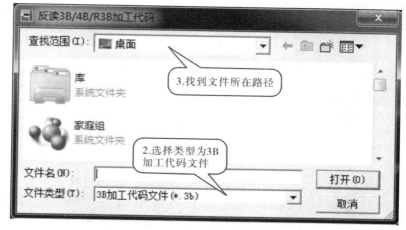

图2-2-28 "打开文件路径"对话框

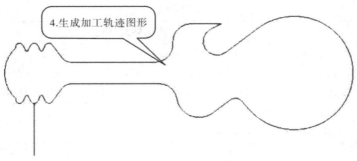

图 2-2-29　生成加工轨迹

知识链接

　　一个工件往往存在多个加工轨迹，为了确保各轨迹间的相对位置固定，可采用"轨迹跳步"功能将多个加工轨迹用跳步线连接，下面我们以图 2-2-30 为例，通过将两个开瓶器加工轨迹用跳步线相连，介绍跳步功能的用法。要求先完成下方轨迹的切割，再切割上方轨迹。

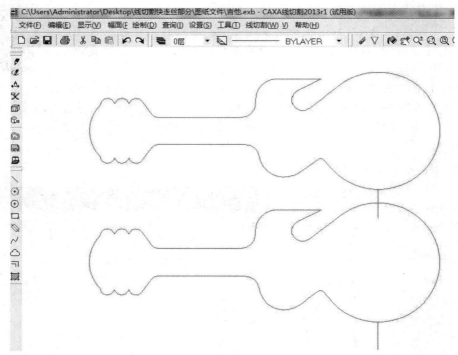

图 2-2-30　轨迹跳步连线

　　(1) 选择如图 2-2-31 所示"数控线切割"菜单中的"轨迹跳步"功能。

　　(2) 拾取需要跳步的两条加工轨迹，注意先后顺序，先选下方加工轨迹，再选上方加工轨迹，选择完成后按回车键确认。此时如图 2-2-32 所示，两加工轨迹之间多出一段跳步线，将下方开瓶器加工轨迹的退刀点与上方开瓶器加工轨迹的穿丝点相连。

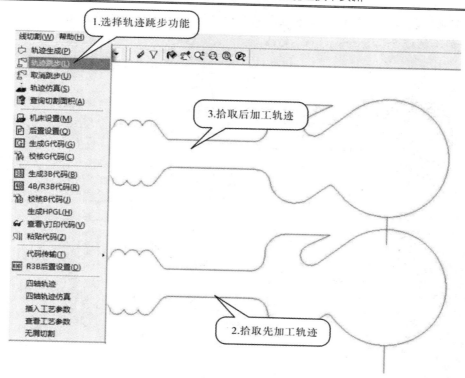

图 2-2-31　轨迹跳步操作步骤

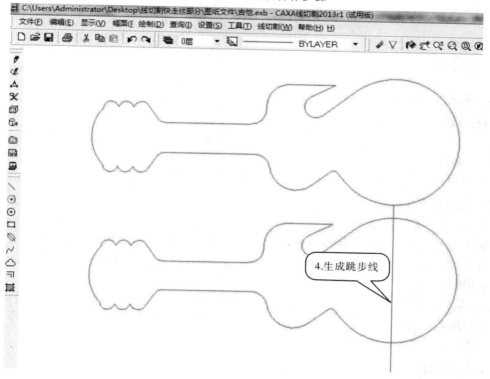

图 2-2-32　跳步线生成

(3) 利用"轨迹仿真"功能查看生成的跳步轨迹，静态仿真效果如图 2-2-33 所示，已将两个加工轨迹合二为一。

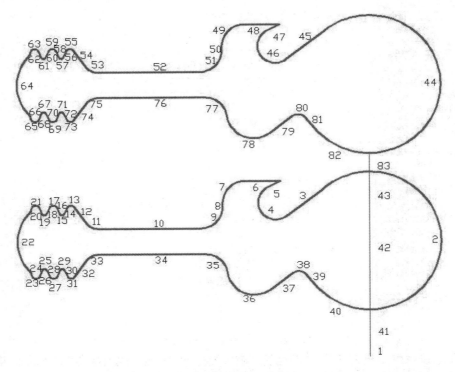

图 2-2-33　静态仿真效果图

（二）切割

1. 导入加工任务

(1) 启动机床，开启断丝保护。

(2) 打开 AutoCut 编控软件，点击打开文件按钮，找到保存的吉他形状开瓶器 3B 程序代码，并导入编控系统。

(3) 根据加工材料和厚度等条件设置参数，加工参数可参照任务一。

2. 对刀并装夹材料

(1) 对刀：将对刀块置于横梁上方，调节手控盒，在高速状态下通过 X 和 Y 按钮将电极丝移动至对刀块附近，再按低速按钮，慢慢移动电极丝向对刀块靠近。当电极丝碰到对刀块时，观察对刀块与电极丝接触处的火花。当对刀块上下两处火花大小凭肉眼判断基本相同时，即对刀完毕。

(2) 装夹：采用桥式支撑方式装夹材料，用两块压板分别将薄板两端装夹在横梁上，采用对角压紧的方式，安装时只需将不带螺母的螺栓顶住横梁，带螺母的螺栓对准螺孔拧入，再用扳手拧紧螺母即可。

3. 运行机床

(1) 操作手控盒，将电极丝移动到穿丝点位置，这需要估算零件尺寸，保证有足够可切割材料，防止电极丝割到横梁。

（2）点击"冲水"按钮，调节水泵至合适出水量，再点击"运丝"按钮，最后按下"开始加工"按钮，按钮顺序不能出错，否则易造成断丝。

（3）当判断工件由于重力作用将会有部分材料即将下落前，按下"暂停"按钮，吹干净材料上的工作液，在已切割部位滴上 502 胶水，待胶水凝固后，点击"开始"按钮继续加工。

（4）加工完成后，机器会发出完成加工信号，用扳手松开压板，取下工件，将工件表面擦拭干净，防止生锈。

4．修整工件表面

由于快走丝数控线切割机床加工薄板的切割面较为粗糙，需要用锉刀和砂纸将开瓶器修整至光滑、无毛刺。开瓶器实物如图 2-2-34 所示。

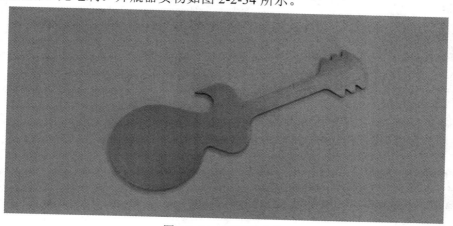

图 2-2-34　开瓶器实物

五、任务评价

对本次任务进行评价分析，任务评价内容见表 2-2-2。

表 2-2-2　本任务评价表

项目	序号	评价内容	配分	学生自评	教师评分	得分
编程	1	绘图	15			
	2	刀路设置	10			
	3	3B 代码文件生成	5			
	4	读取代码	5			
机床准备	5	检查机床运行	5			
	6	电极丝垂直度调整	10			
零件加工	7	零件装夹	10			
	8	电极丝位置调整	5			
	9	机床运行	20			

项目	序号	评价内容	配分	学生自评	教师评分	得分
外观	10	切割表面粗糙度	10			
检测	11	清洁工作	5			
其他	12	安全文明生产（按有关安全文明要求酌情扣 1～5 分，严重的扣 10 分）	扣分			
		总　　分	100			

任务三　伞状弯形挂钩的制作

能力目标

(1) 能在 AutoCAD 绘图软件中用 AutoCut 插件生成加工轨迹；

(2) 掌握弯形展开尺寸的计算方法；

(3) 掌握以孔为准切割外形的方法；

(4) 掌握工件手工弯形的方法。

一、任务描述

本任务要求完成一个如图 2-3-1 所示伞状弯形挂钩的制作，挂钩参考尺寸见图 2-3-2。

图 2-3-1　挂钩三维图

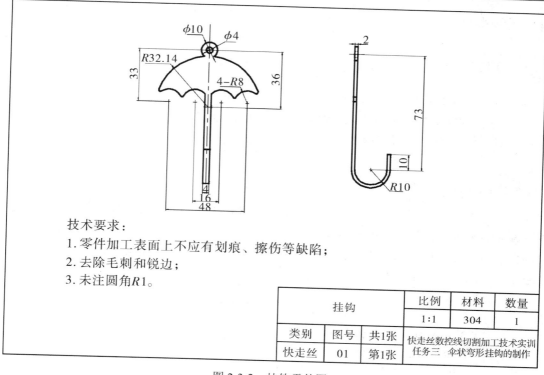

图 2-3-2 挂钩零件图

技术要求:

1. 零件加工表面上不应有划痕、擦伤等缺陷;

2. 去除毛刺和锐边;

3. 未注圆角R1。

挂钩			比例	材料	数量
			1:1	304	1
类别	图号	共1张	快走丝数控线切割加工技术实训		
快走丝	01	第1张	任务三 伞状弯形挂钩的制作		

二、任务分析

根据挂钩形状的复杂程度并结合技术要求可知,零件可由钻孔、切割和弯形三道工序完成。由于挂钩外形切割后装夹钻孔困难,因此设定加工工序为先钻孔,后切割,最后弯曲成形。为保证切割轨迹和孔之间的位置关系,需要准备一块外沿垂直的矩形不锈钢板,方便找准穿丝点和钻孔的相对位置。薄板零件坯料装夹时方法要正确并留有足够的切割空间。切割完成再使用锉刀进行局部手工修整、去毛刺和锐边,最后进行弯曲成形即能达到制作要求。

三、任务准备

(1) 材料准备:2 mm 厚 160 mm×80 mm 的不锈钢板、502 胶水。

(2) 设备准备:中谷快走丝数控线切割机床、钻床、台虎钳。

(3) 软件准备:AutoCAD 绘图软件、AutoCut 编控软件。

(4) 工具准备:活络扳手、锉刀、压板、ϕ4 mm 钻头、ϕ20 mm 圆柱、小榔头、钳口铜。

四、任务实施

（一）编程

1．计算工件展开尺寸

(1) 数控线切割加工完成的工件经弯形后，轮廓发生变形，尺寸也会变化，因此，需要计算出弯形前的工件展开尺寸。

知识链接

工件经弯形后，只有中性层长度保持不变，因此计算弯形前工件展开长度时，可按中性层的长度进行计算。但当材料变形后，中性层并不在材料的正中，而是偏向内层材料一边。而中性层的实际位置与材料的弯曲半径 r 和材料的厚度 t 有关，弯形工件圆弧部分中性层长度计算公式为

$$A = \frac{\pi (r + x_0 t)\alpha}{180°}$$

式中：A——圆弧部分中性层长度，mm；

r——弯曲半径，mm；

$x_0 t$——中性层位置系数（见表 2-3-1）；

t——材料厚度，mm；

α——弯形中心角。

表 2-3-1　中性层位置系数

r/t	0.25	0.5	0.8	1	2	3	4	5	6	7	8	10	12	14	>16
x_0	0.2	0.25	0.3	0.35	0.37	0.4	0.41	0.43	0.44	0.45	0.46	0.47	0.48	0.49	5.0

分析图 2-3-2 可知，弯曲半径是 10 mm，材料厚度是 2 mm，弯形中心角 180°。根据工件尺寸查表 2-3-1，得到中心层位置系数为 0.43。结合公式 $A=\pi(r+x_0 t)\alpha/180°$ 算出，工件圆弧部分中性层长度 A 为 34.1 mm。

如图 2-3-3 所示，A 为弯曲部分中性层，工件展开尺寸 $L=L_1+L_2+A$。根据图 2-3-2 尺寸计算可知，L_1 长度为 78 mm，L_2 长度为 10 mm，故得出 L 为 122.1 mm。

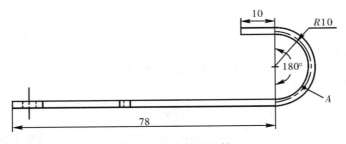

图 2-3-3　中性层计算

(2) 完成图 2-3-4 所示伞状弯形挂钩展开尺寸的计算。

请读者自己完成。

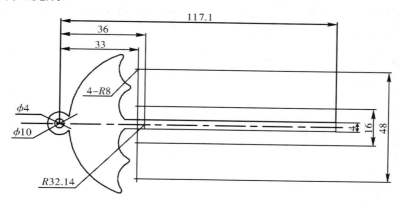

图 2-3-4　挂钩展开尺寸

2. 生成加工轨迹

(1) 开启机床，运行 AutoCut 编控软件中的"AutoCADSetup.EXE"文件，在检测到合适版本的 AutoCAD 绘图软件（适用版本类型见图 2-3-5）后，点击"安装"按钮。安装完成后打开 AutoCAD 绘图软件，菜单栏中显示"AutoCut"插件菜单，如图 2-3-6 所示。

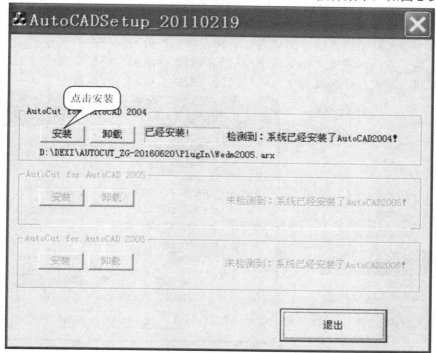

图 2-3-5　安装"AutoCut"插件

图 2-3-6　"AutoCut"插件菜单

(2) 根据上述计算尺寸，完成切割图形的绘制，如图 2-3-7 所示。

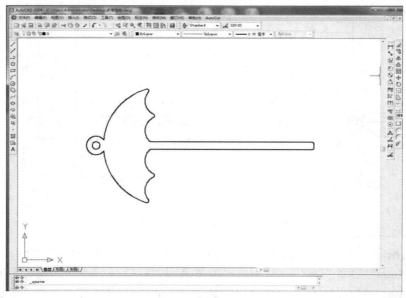

图 2-3-7　切割图形的绘制

(3) 选择图 2-3-8 所示"AutoCut"菜单中的"生成加工轨迹"命令，在弹出的图 2-3-9 所示的窗口中输入补偿值、选择偏移方向和输入加工参数（加工参数可参照任务一）。偏移方向和加工方向共同决定加工轨迹相对于图形轮廓的偏移位置，操作时需记清此处所选偏移方向，避免后续选择加工方向时出错。本任务以左偏移进行加工。

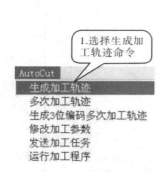

图 2-3-8　"生成加工轨迹"命令栏

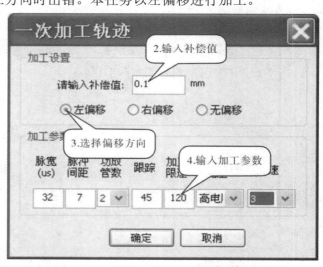

图 2-3-9　加工参数设定

(4) 选择切割起点。先确定切割起点位置。为保证孔在工件上的位置准确，切割起点和孔中心需有准确的位置关系，可将切割起点与孔中心距离尽量设置为整数，且数值不要太大。本任务以图 2-3-10 为例，图中切割起点 O 在孔圆心的 X 轴负方向 15 mm 处。在预设切割起点 O 处点击，则切割起点选择完毕（由于软件无法识别是否穿丝切割，命令栏提示默认为选择穿丝点）。

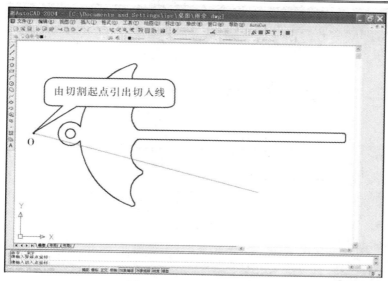

图 2-3-10 选择切割起点

(5) 选择切入点。选择穿丝点后，由切割起点 O 处引出一条切入线。本次加工不指定切入位置，可在保证不切割损坏工件的前提下，选取图像任意一点为切入点。为节约加工时间，可在图形轮廓上选择距离穿丝点较近一点左击（以伞顶处为例），作为切入点。切入轨迹线如图 2-3-11 所示，从 O 到伞顶点。

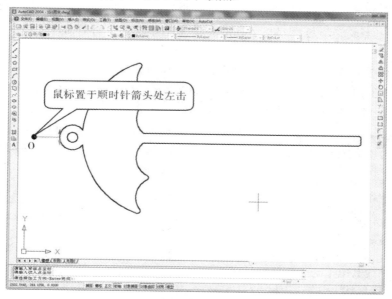

图 2-3-11 选择切入点

(6) 选择加工方向。如图 2-3-11 所示，切入点处出现顺时针和逆时针两个方向的箭头。此次切割为保证工件尺寸，加工轨迹需偏移在图形轮廓外侧。由于上述以左偏移为例，因而加工方向应为顺时针。将鼠标移至顺时针方向箭头处点击鼠标，生成如图 2-3-12 所示加工轨迹。

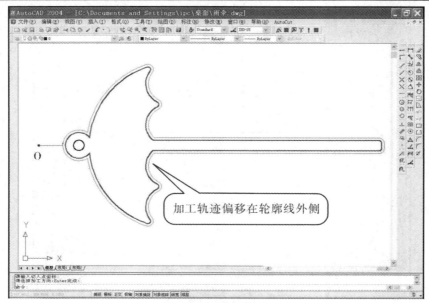

图 2-3-12　加工轨迹

(7) 扫描右侧二维码可查看参考程序。

 知识链接

　　在加工轨迹生成完毕后，利用 AutoCut 插件还可以查询切割面积，计算加工费，操作步骤如下：

　　(1) 选择图 2-3-13 "AutoCut"菜单中的"计算加工费"命令。

　　(2) 在图 2-3-14 所示的窗口中输入单价和工件厚度，选择"选取加工轨迹"命令并选中加工轨迹，按回车确认后便显示出切割面积和加工费用。

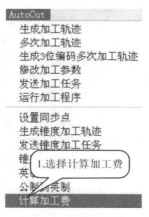

图 2-3-13　选择"计算加工费"命令

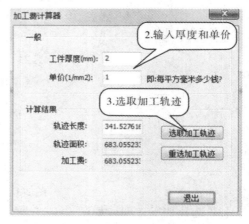

图 2-3-14　"加工费计算器"对话框

3. 发送加工任务

(1) 选择图 2-3-15 所示"AutoCut"菜单中的"发送加工任务"命令。

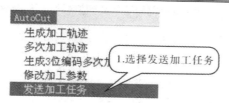

图 2-3-15　选择"发送加工任务"命令

(2) 选择"发送加工任务"命令后，鼠标箭头变成小方框形状，如图 2-3-16 所示。先选中加工轨迹，再右击或按回车确认发送任务。在弹出的如图 2-3-17 所示"选卡"对话框中，选择需操作机床对应的卡号，将加工任务发送到该机床。AutoCut 编控系统软件界面显示发送完成的加工轨迹如图 2-3-18 所示。

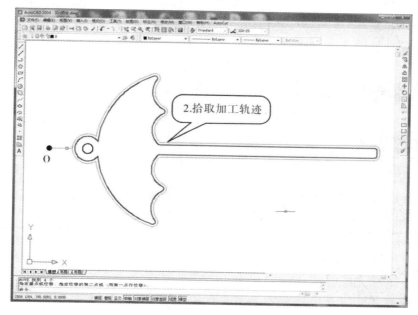

图 2-3-16　拾取加工轨迹

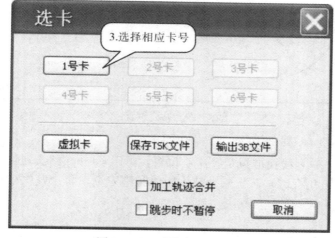

图 2-3-17　"选卡"对话框

图 2-3-18　发送完成的加工轨迹

（二）钻孔

1. 确定孔位置

拟定需加工轨迹在板材上的位置，确定孔中心，便于钻孔时找准位置，钻孔位置如图 2-3-19 所示。

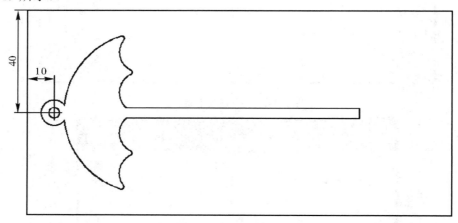

图 2-3-19　钻孔位置

2. 使用钻床钻孔

参照图 2-3-20，先划线找准拟定孔中心位置，再用 ϕ4 mm 钻头在钻床上钻孔。钻孔时材料不可移动，钻孔将透时，应减少钻头压力和进刀量，防止发生事故。

图 2-3-20　钻孔

（三）切割

1. 对刀并装夹

（1）对刀：确保电极丝沿 X 轴和 Y 轴方向靠近对刀块时，上下两处火花大小均基本相同。

（2）装夹：采用悬臂式支撑方式安装板材，图 2-3-21 所示夹持部分为板材未钻孔一侧，需用两块压板同时压住夹持部分，并用百分表找正工作表面。要求板材长边垂直于横梁，即板材长边与机床 X 轴平行，板材短边与机床 Y 轴平行。其余装夹要素与前面所述桥式支撑相同。

图 2-3-21　板材夹持

2. 调整电极丝至切割起点

1) 确定切割起点与板材的位置关系

假设切割起点 O 点为坐标原点（0，0），由切割起点和工件的位置关系、工件在板材上的拟定位置可知，切割起点与板材的位置关系如图 2-3-22 所示。

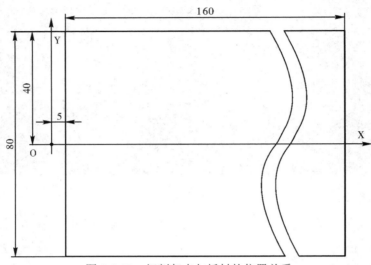

图 2-3-22　切割起点与板材的位置关系

2) 移动电极丝

(1) 操作手控盒，将电极丝中心移至图 2-3-23 所示板材 a 边的 Y 轴正方向 A（X_1，Y_1）点处。为节省操作时间，A 点与 a 边距离不可过大，本次操作默认该距离小于 10 mm。

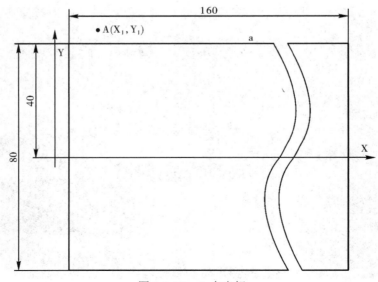

图 2-3-23　A 点坐标

（2）选择图 2-3-24 所示 AutoCut 编控软件界面上"手动功能"选项，进入图 2-3-25 所示"碰边"功能界面，在"方向 Y"栏中输入−10 mm（输入数值大于 A 点到 a 边距离即可），按下"开始"按钮，电极丝沿 Y 轴负方向移动。

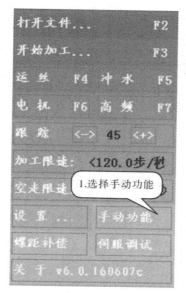

图 2-3-24　"手动功能"选项

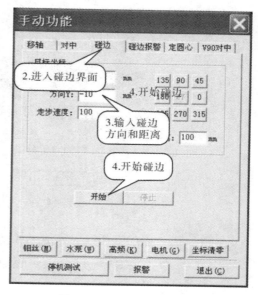

图 2-3-25　"碰边"功能界面

（3）当电极丝碰到 a 边时，会停在图 2-3-26 所示 B 点处并发出警报，弹出如图 2-3-27 所示的"碰边"提示框。此时电极丝中心 B 点到 a 边距离为电极丝半径 0.09 mm，计算得 B 点坐标为$(X_1, 40.09)$。

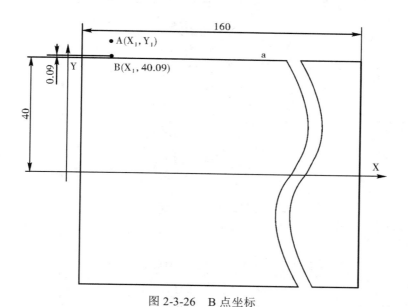

图 2-3-26　B 点坐标

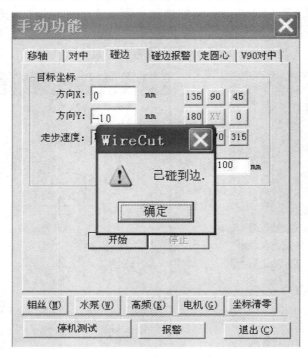

图 2-3-27　"碰边"提示框

(4) 在图 2-3-28 所示的"移轴"功能界面内"Y 轴平移"栏中输入 4.91 mm(可自行设定数值)移动电极丝，则电极丝中心由 B 点向 Y 轴正方向移动 4.91 mm 至 C 点，C 点坐标为(X_1，45)，如图 2-3-29 所示。

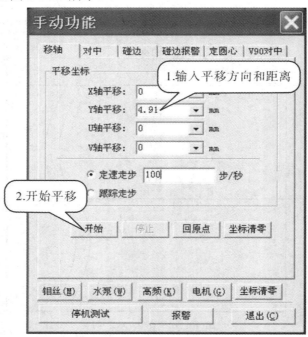

图 2-3-28　"移轴"功能界面

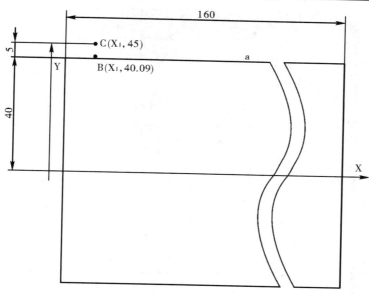

图 2-3-29　C 点坐标

(5) 操作手控盒将电极丝中心从图 2-3-30 所示 C 点沿 X 轴负方向移至 $D(X_2, 45)$ 点处(确保电极丝从 D 点朝 Y 轴负方向移动时不会碰到 a 边)。

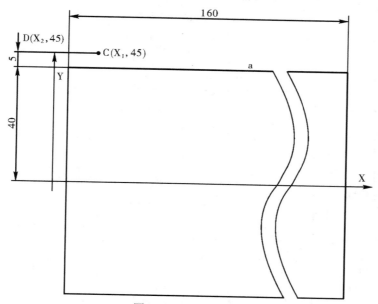

图 2-3-30　D 点坐标

(6) 在图 2-3-31 所示"移轴"功能界面中"Y 轴平移"栏中输入-45 mm 移动电极丝，电极丝中心从 D 点沿 X 轴负方向移动 45 mm 至 E 点处，E 点坐标$(X_2, 0)$，此时电极丝与切割起点 O 的 Y 坐标相同，如图 2-3-32 所示。

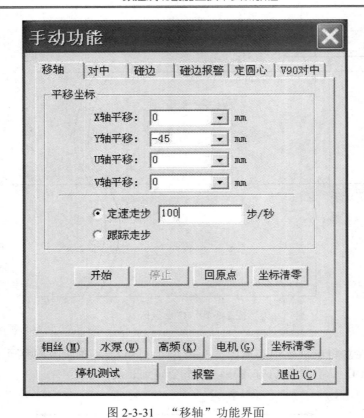

图 2-3-31　"移轴"功能界面

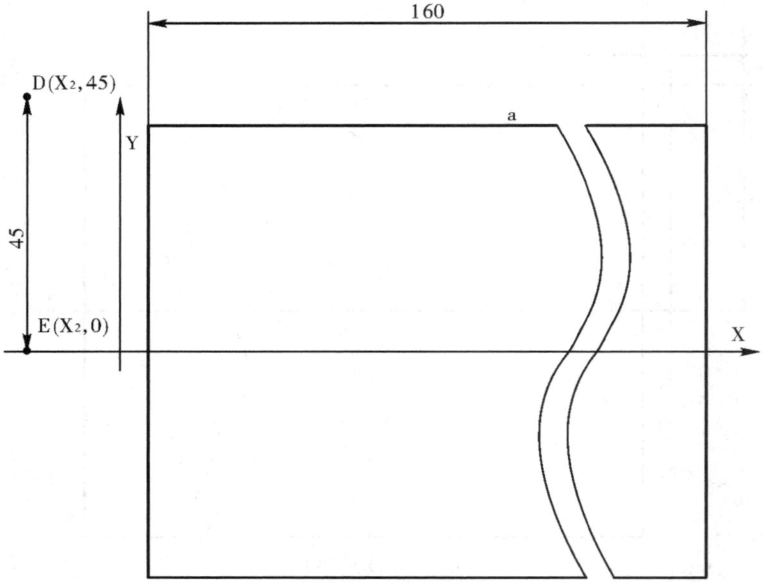

图 2-3-32　E 点坐标

(7) 在"碰边"界面中"方向 X"栏中输入任意一大于图 2-3-33 中 E 点到 b 边距离的值进行碰边，电极丝将从 E 点沿 X 轴移动至碰到 b 边，此时电极丝中心 F 点到 b 边距离为电极丝半径 0.09 mm，可算出 F 点到切割起点 O 点距离为 4.91 mm，F 点坐标（4.91，0）。

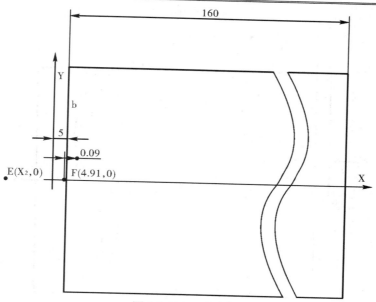

图 2-3-33　F 点坐标

(8) 在图 2-3-34 所示"移轴"功能界面内"X 轴平移"栏中输入-4.91 mm 进行移轴操作，则电极丝从图 2-3-35 所示 F 点沿 X 轴负方向移动 4.91 mm 至 O 点。至此，电极丝调节至预设切割起点位置。

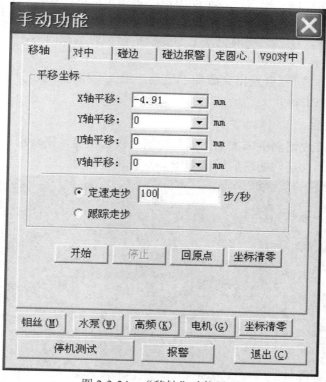

图 2-3-34　"移轴"功能界面

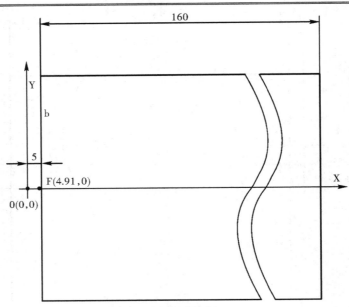

图 2-3-35　O 点坐标

3. 运行机床

(1) 先点击"冲水"按钮，调节水泵至合适出水量，再点击"运丝"按钮，最后按下"开始加工"，操作顺序依次进行不能出错，否则易造成断丝。

(2) 当判断工件由于重力作用将会有部分材料即将下落前，按下"暂停"按钮，吹干净材料上的工作液，在已切割部位滴上 502 胶水，待胶水凝固后，点击"开始"按钮继续加工。

(3) 加工完成后，机器会发出完成加工信号，用扳手松开压板，取下工件，将工件表面擦拭干净，防止生锈。

4. 修整工件表面

由于快走丝数控线切割机床加工薄板的切割面较为粗糙，需要用锉刀和砂纸将工件修整至光滑、无毛刺。挂钩切割后成品如图 2-3-36 所示。

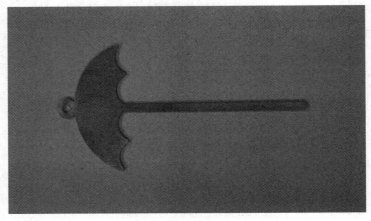

图 2-3-36　挂钩切割后成品

5. 弯形

(1) 在台虎钳口安装钳口铜防止工件夹伤，两块钳口铜之间的距离应以刚好夹持住弯形后的工件与圆柱体为宜，即圆柱体直径与两倍的工件厚度之和，算得结果为 24 mm，可使用游标卡尺测量以控制钳口张开尺寸。

(2) 按图 2-3-37 方式依次在台虎钳上放置切割完的伞状工件和圆柱体并保持恰当位置。

图 2-3-37　弯形前位置

(3) 用榔头从上往下敲击圆柱体至弯曲程度与图纸基本一致，如图 2-3-38 所示，伞把手与伞身部分都与钳口铜竖直面贴合。

图 2-3-38　弯形后位置

(4) 工件若有轻微歪斜可用台虎钳进行适当校正，弯形操作后，挂钩成品如图 2-3-39 所示。

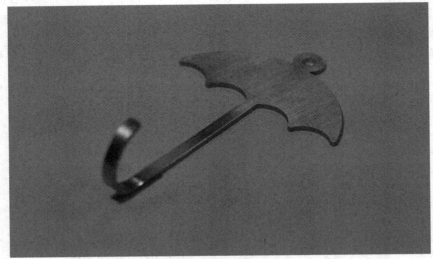

图 2-3-39　挂钩成品

五、任务评价

对本次任务进行评价分析，任务评价内容见表 2-3-2。

表 2-3-2　　本任务评价表

项目	序号	评价内容	配分	学生自评	教师评分	得分
编程	1	绘图	15			
	2	刀路设置	10			
	3	任务发送	5			
机床准备	4	检查机床运行	5			
	5	电极丝垂直度调整	10			
零件加工	6	钻孔	8			
	7	零件装夹	8			
	8	电极丝位置调整	8			
	9	机床运行	8			
	10	弯形操作	8			
外观检测	11	切割表面粗糙度	10			
	12	清洁工作	5			
其他	13	安全文明生产（按有关安全文明要求酌情扣1～5分,严重的扣10分）	扣分			
		总　　分	100			

任务四　多功能钥匙扣的制作

能力目标

(1) 学会使用穿孔机进行穿孔操作；

(2) 能使用 AutoCAD 绘图软件中的 AutoCut 插件生成跳步线；

(3) 能够熟练使用快走丝数控线切割机床；

(4) 熟练掌握穿丝的操作方法。

一、任务描述

本任务要求完成如图 2-4-1 所示多功能钥匙扣的制作，钥匙扣参考尺寸见图 2-4-2。

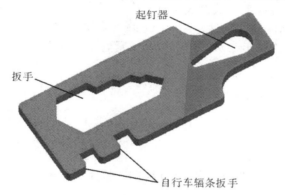

图 2-4-1　多功能钥匙扣三维图

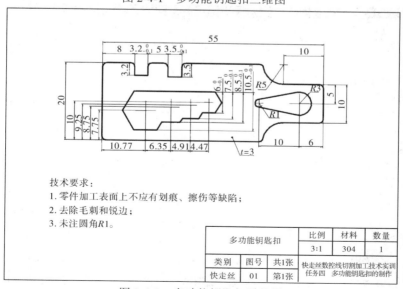

图 2-4-2　多功能钥匙扣零件图

二、任务分析

本任务为多功能钥匙扣的制作，分析图 2-4-1 可知，工件图形由起钉器、扳手、钥匙扣外轮廓三个部分组成，需要进行三次切割才能完成，且需要保证三个加工轨迹线之间位置准确，需采用穿丝孔中心作为切割起点以跳步的方式进行切割的方法。要顺利完成该工件的制作，除了掌握前面任务中数控线切割机床操作的基本注意事项外，还需掌握以下几点：

(1) 能够使用 AutoCut 编控软件生成跳步线；

(2) 熟练使用穿孔机在工件指定位置穿孔；

(3) 正确进行穿丝和紧丝操作。

三、任务准备

(1) 材料准备：3 mm 厚不锈钢板、502 胶水、ϕ1 mm 电极管。

(2) 设备准备：中谷快走丝数控线切割机床、穿孔机。

(3) 软件准备：CAD 绘图软件、AutoCut 编控软件。

(4) 工具准备：活络扳手、水口钳、压板、紧丝轮、内六角扳手、钻夹头专用钥匙。

四、任务实施

（一）编程

1. 图形绘制

利用已安装 AutoCut 插件的 AutoCAD 绘图软件完成如图 2-4-3 所示多功能钥匙扣图形的绘制。

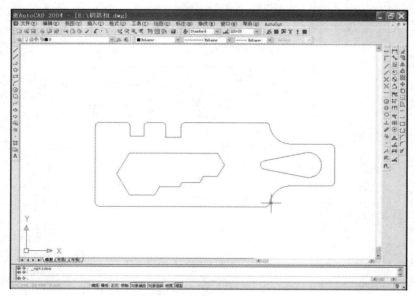

图 2-4-3　多功能钥匙扣图形的绘制

2. 生成加工轨迹

分析图形可知，本次加工需进行三次切割，共要生成三条加工轨迹，加工轨迹的生成顺序不影响后续操作。

1) 生成扳手部分加工轨迹

(1) 选择图 2-4-4 所示"AutoCut"菜单中的"生成加工轨迹"命令，在弹出的图 2-4-5 所示窗口中输入补偿值、选择偏移方向(以左偏移为例)和加工参数。

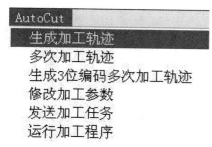

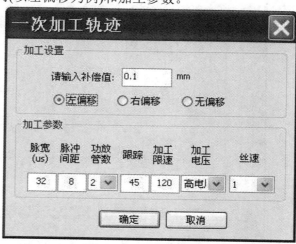

图 2-4-4 选择"生成加工轨迹"命令

图 2-4-5 加工参数设定

(2) 如图 2-4-6 所示，选择小六边形中心 A 点为穿丝点，选择逆时针方向加工，生成偏移在扳手图形轮廓内侧的加工轨迹。

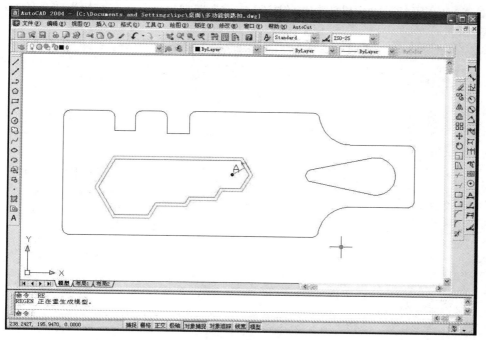

图 2-4-6 扳手加工轨迹

2) 生成起钉器部分加工轨迹

如图 2-4-7 所示，以起钉器小圆弧圆心 B 点为穿丝点，生成偏移在起钉器图形轮廓内侧的加工轨迹。

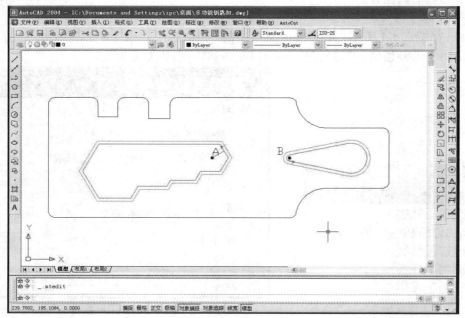

图 2-4-7　起钉器加工轨迹

3) 生成钥匙扣外轮廓部分加工轨迹

如图 2-4-8 所示，生成以钥匙扣轮廓外 C 点为切割起点，偏移在钥匙扣外轮廓外侧的加工轨迹。

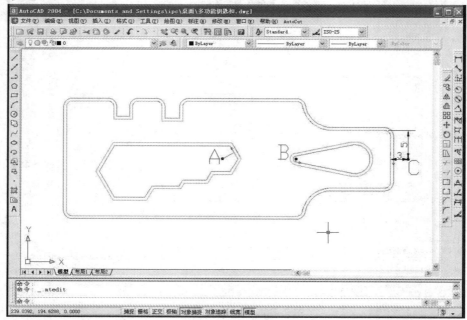

图 2-4-8　外轮廓加工轨迹

3. 计划跳步线

(1) 选择图 2-4-9 所示"AutoCut"菜单中的"计划跳步线"命令。

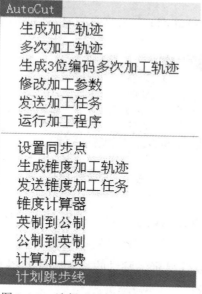

图 2-4-9　选择"计划跳步线"命令

(2) 选择三条加工轨迹，按回车确认生成跳步线。如图 2-4-10 所示，生成的跳步线将各加工轨迹连接，并附数字显示跳步线相连的各轨迹的加工顺序。实际加工顺序将以发送任务时选择各加工轨迹的顺序为准，此时生成的顺序仅为参考。

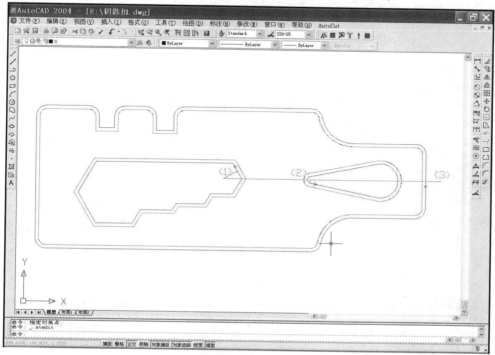

图 2-4-10　跳步线生成

(3) 扫描右侧二维码可查看参考程序。

4. 发送加工任务

(1) 选择图 2-4-11 所示"AutoCut"菜单中的"发送加工任务"命令。

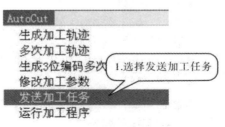

图 2-4-11　选择"发送加工任务"命令

(2) 如图 2-4-12 所示，以计划跳步线参考的加工顺序为例，依次选择扳手、起钉器和钥匙扣外轮廓的加工轨迹，并将加工任务发送到图 2-4-13 所示对应卡号的机床。发送完成后，AutoCut 编控系统软件显示，发送的加工轨迹如图 2-4-14 所示。各轨迹的切割顺序将以发送时所选顺序为准。

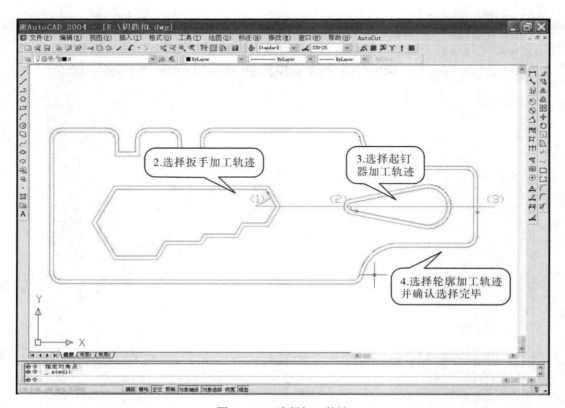

图 2-4-12　选择加工轨迹

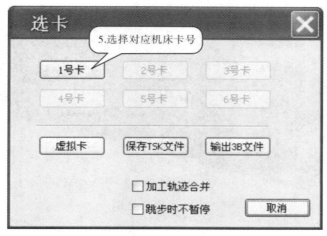

图 2-4-13　选卡

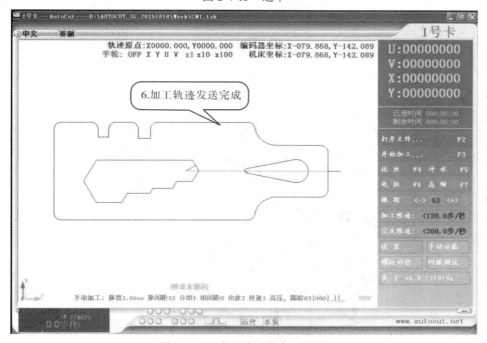

图 2-4-14　发送完成的加工轨迹

（二）切割

1. 穿孔

1）划线找穿丝点位置

拟定工件在板材上的位置，如图 2-4-15 所示，在扳手部分穿丝点处划十字找准位置（也可选择另外两穿丝点）。划线时要留有装夹余量，且尽量节约板材。若一块板材可加工多个工件，应一次划出多个穿丝点位置，节约加工时间。

图 2-4-15　划线三维图

2) 装夹工件

如图 2-4-16 所示，将板材装夹在穿孔机工作台上。由加工轨迹可知，预设的三个穿丝点应与穿孔机工作台的 X 轴平行。

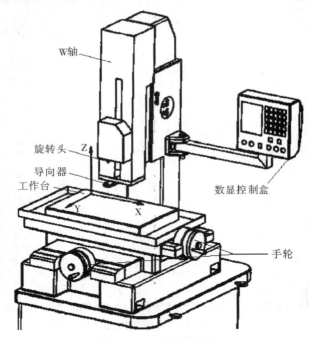

图 2-4-16　穿孔机结构

3) 安装导向器

选用与 $\phi 1$ mm 的铜电极管(直径过小将增加穿丝难度)相对应的导向器，把导向器插入导向支架孔中，向上塞到止动台阶，并用内六角扳手锁紧。

4) 安装电极管

取下夹头总成，将平直的电极管从钻夹头底部向上穿，依次穿过钻夹头、锁紧螺母和密封圈，如图2-4-17所示，注意不可使电极管弯曲。将夹头总成装入旋转头并拧紧，再用钻夹头专用钥匙将电极管锁紧，安装完后如图2-4-18所示。

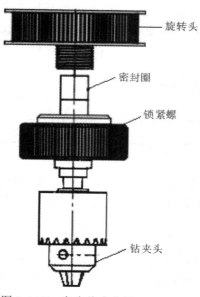

图 2-4-17　夹头总成分解

图 2-4-18　电极管安装完成

5) 加工扳手部分穿丝孔

(1) 摇动手轮使电极管移动至所划十字中心的上方位置，移动如图2-4-16中所示W轴向下直到导向器在工件之上约5 mm的位置，控制Z轴向下移动，直至电极与工件的间隙约为2～3 mm。

(2) 在图2-4-19所示数显控制盒界面上先按下"X"按钮，再按下"CLS"按钮，将X轴坐标清零。

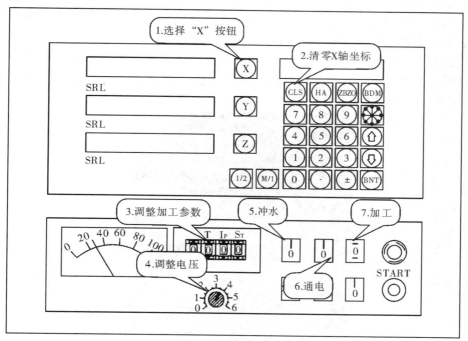

图 2-4-19　数显控制盒界面

(3) 调整各加工参数到需要的值，按下水泵控制开关，待顺利出水后按下放电加工控制开关和多功能组合开关进行加工。注意三个开关接通顺序不能有误，当电极穿过工件时，穿丝孔加工完毕。

本次加工参数见表 2-4-1。

表2-4-1　加工参数

电极	脉宽（Ton）	脉间(Toff)	电流(Ip)	灵敏度	伺服电压（V）	水压（kg/cm²）
φ1.0	5	2	4	5	25～40	30

各参数说明：

脉宽大，效率高、间隙大；脉间大，效率低、稳定性好；电流大，稳定性好、加工速度快、电极损耗大；灵敏度高，加工速度快、稳定性差；伺服电压低，加工效率高、稳定性差。

6) 加工起钉器部分穿丝孔

(1) 摇动手轮使电极管沿 X 轴正方向移动 12.5 mm 至扳手部分穿丝孔上方。

(2) 按顺序按下水泵控制开关、放电加工控制开关和多功能组合开关开始加工。当电极穿过工件时，穿丝孔加工完毕。

7) 加工外轮廓部分穿丝孔

(1) 摇动手轮使电极管沿 X 轴正方向移动 19 mm 至起钉器穿丝孔上方。

(2) 按顺序按下水泵控制开关、放电加工控制开关和多功能组合开关开始加工。当电极穿过工件时，穿丝孔加工完毕。

2. 对刀并装夹

(1) 对刀：确保电极丝沿 X 轴和 Y 轴方向靠近对刀块时，上下两处火花大小均基本相同。

(2) 装夹：如图2-4-20所示，采用桥式支撑方式安装板材，要求穿丝孔中心到固定横梁侧平面距离相等，即三个穿丝孔中心在工作台上X轴坐标相同。用水口钳剪断电极丝，操作手控盒使上导丝嘴移至扳手部分穿丝孔上方，将电极丝穿过该穿丝孔，并按原路径装回至丝筒。若发现电极丝与板材接触，可在低速状态微调手控盒，使电极丝尽量处在穿丝孔中心位置。

钼丝穿过扳手部分穿丝孔

图 2-4-20　穿丝

知识链接

电极丝安装步骤：

（1）操作者面向丝筒站立，卸下已报废电极丝，保证无断丝残留。

（2）如图2-4-21所示，将左右撞块分别调整放置在行程的最大位置，在AutoCut编控软件中调节丝速挡位至三挡，手动操作运丝开关使丝筒向右移动一段距离至装丝起点位置。

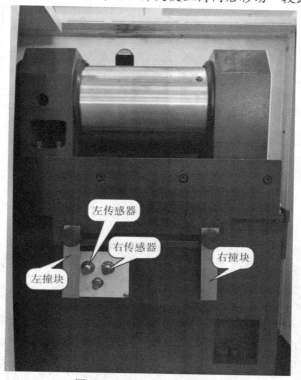

图 2-4-21　调节装丝量行程

（3）按图 2-4-22 所示，把电极丝盘安装在上丝轮上，电极丝的一端通过下方导丝轮，再从丝筒下方穿过，并固定在丝筒左侧的螺钉上。

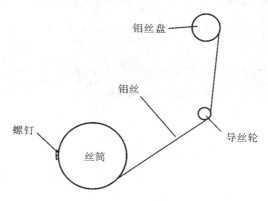

图 2-4-22　固定电极丝顺序

（4）将左撞块压到左传感器上，开启丝筒运行开关，丝筒转动缠绕电极丝并向左移动，达到需要缠绕的电极丝量后，关闭开关停止丝筒转动。

（5）剪断电极丝，按图 2-4-23 所示，依次穿过机床上的下方导电块、导丝轮和导丝嘴，再穿过上方导丝嘴、导电块和导丝轮，最后拧紧在丝筒右侧螺钉上。

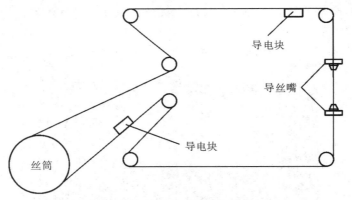

图 2-4-23　电极丝安装位置

（6）将右撞块压到右传感器上，如图 2-4-24 所示，用紧丝轮拉紧丝筒上的电极丝，再按下丝筒运行开关，在丝筒向右移动过程中，均匀用力向操作者方向收紧电极丝。在接近电极丝尽头时，关闭运行开关，手动推动丝筒至电极丝尽头，剪去多余电极丝并重新将其固定在丝筒左侧螺钉上。

图 2-4-24　收紧电极丝

3. 运行机床

1) 切割扳手部分

（1）使用图 2-4-25 所示"手动功能"中的"对中"功能，分别进行 X 轴和 Y 轴方向的对中，将电极丝调整至穿丝孔中心位置。

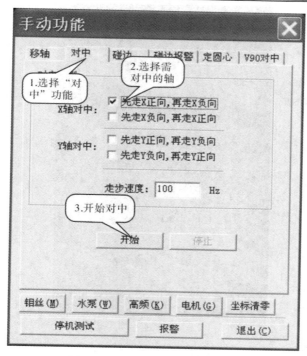

图 2-4-25　"手动功能"对话框

　　(2) 分别点击"冲水"、"运丝"按钮，然后选择"开始加工"进行切割，切割完成后，电极丝回到穿丝点位置。AutoCut 编控软件中加工状态显示如图 2-4-26 所示，扳手实际加工状态如图 2-4-27 所示。

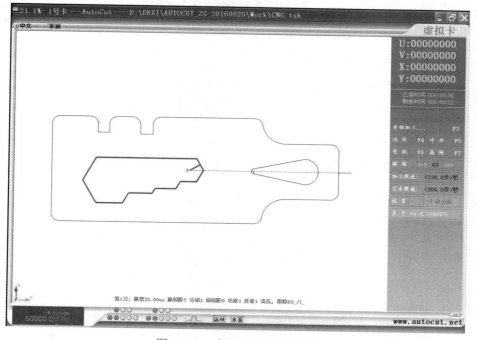

图 2-4-26　扳手加工状态显示

图 2-4-27　扳手实际加工状态

2) 切割起钉器部分

(1) 将丝筒运行至电极丝尽头处，剪断电极丝，选择"开始加工"，在弹出的如图 2-4-28 所示的对话框中选择"空走"模式，上导丝嘴将按跳步线轨迹移至起钉器穿丝孔上方，如图 2-4-29 所示。

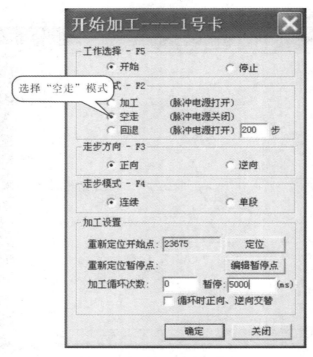

图 2-4-28　选择"空走"模式

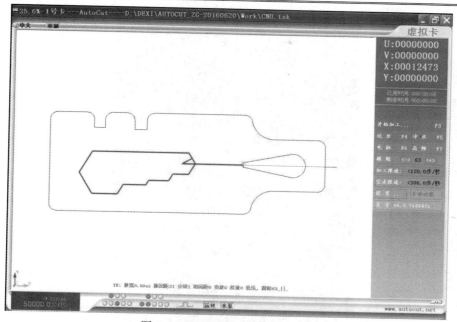

图 2-4-29　跳步线移动屏幕显示

（2）将电极丝穿过起钉器穿丝孔并重新安装。

（3）使用"手动功能"中的"对中"功能将电极丝调整至穿丝孔中心位置。

（4）先点击"冲水"、"运丝"按钮，再选择"开始加工"进行切割，切割完成后，电极丝回到穿丝点位置。AutoCut 编控软件中加工状态显示如图 2-4-30 所示，工件实际加工状态如图 2-4-31 所示。

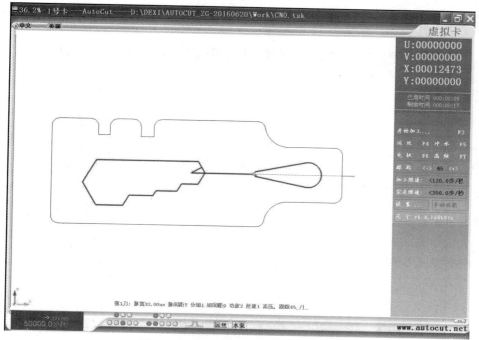

图 2-4-30　起钉器加工状态屏幕显示

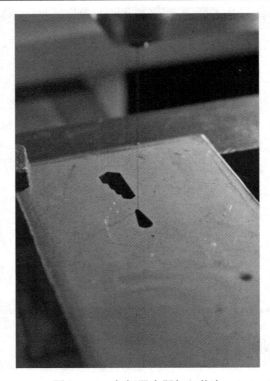

图 2-4-31　起钉器实际加工状态

3) 切割钥匙扣外轮廓

(1) 将丝筒运行至电极丝尽头处，剪断电极丝，选择"开始加工"，使上导丝嘴在"空走"模式下按跳步线轨迹移至钥匙扣外轮廓穿丝孔上方。AutoCut 编控软件中跳步线移动显示如图 2-4-32 所示。

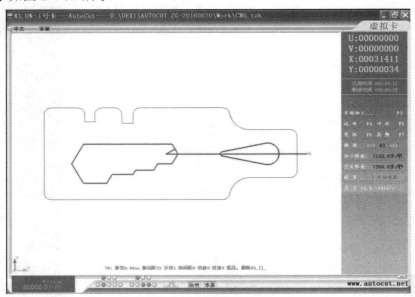

图 2-4-32　跳步线移动屏幕显示

（2）将电极丝穿过钥匙扣轮廓部分穿丝孔并重新安装。

（3）使用"手动功能"中的"对中"功能将电极丝调整至穿丝孔中心位置。

（4）先点击"冲水"、"运丝"按钮，然后选择"开始加工"进行切割。加工完成后，用活络扳手松开压板，取下工件并将工件表面擦拭干净。此时 AutoCut 编控软件中外轮廓加工状态显示如图 2-4-33 所示，加工后多功能钥匙扣实物如图 2-4-34 所示。

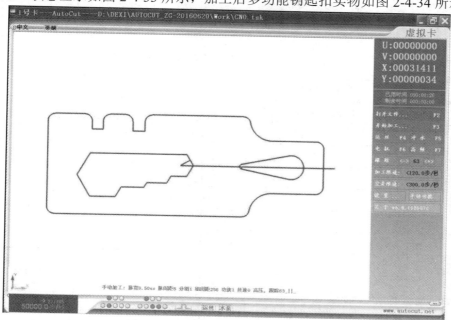

图 2-4-33　外轮廓加工状态屏幕显示

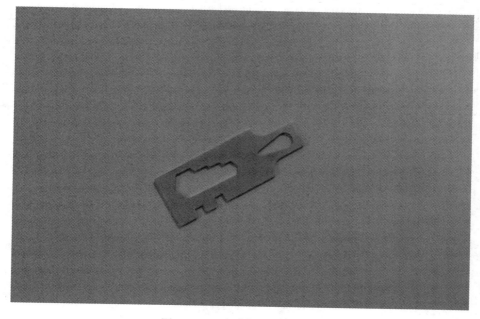

图 2-4-34　多功能钥匙扣实物

五、任务评价

对本次任务进行评价分析，任务评价内容见表2-4-2。

表2-4-2　本任务评价表

项目	序号	评价内容	配分	学生自评	教师评分	得分
编程	1	绘图	10			
	2	刀路设置	10			
	3	任务发送	5			
机床准备	4	检查机床运行	5			
	5	电极丝垂直度调整	8			
零件加工	6	零件装夹	5			
	7	穿丝	5			
	8	寻中心	5			
	9	机床运行	10			
尺寸检测	10	$6_{-0.1}^{0}$	4			
	11	$7.5_{-0.1}^{0}$	4			
	12	$8.5_{-0.1}^{0}$	4			
	13	$10.5_{-0.1}^{0}$	4			
	14	$3.2_{-0.1}^{0}$	4			
	15	$3.5_{-0.1}^{0}$	4			
外观检测	16	切割表面粗糙度	8			
	17	清洁工作	5			
其他	18	安全文明生产（按有关安全文明要求酌情扣1～5分，严重的扣10分）	扣分			
		总　分	100			

项目三　中走丝数控线切割加工技术实训

任务一　镂空立方体置物盒的制作

能力目标

(1) 使用中走丝电火花数控线切割机床完成镂空立方体置物盒零件的制作；
(2) 能根据材料实际厚度确定各配合处的尺寸；
(3) 完成镂空立方体置物盒的装配。

一、任务描述

本置物盒由六块薄板汉字镂空零件拼合构成，汉字字体和字样可以根据个人喜好自行设计确定，本任务字样为"电火花数控线切割"。使用中走丝电火花数控线切割机床完成图 3-1-1 中每块零件的单独加工制作，修整并完成置物盒的装配。

图 3-1-1　置物盒三维图

二、任务分析

镂空立方体置物盒以六片薄板装配而成，每个单片均使用中走丝电火花数控线切割机床切割完成。在切割加工前需要考虑以下几个问题：

(1) 字样的设计需要考虑搭边，而合理确定留和去除的部分是防止报废的关键。

(2) 字样的设计需要考虑穿丝孔位置，应在设计图上标注出来。

(3) 薄板类零件的正确装夹。

(4) 清晰的编程思路，为使装配顺利，应控制好零件凸凹配合处的尺寸公差。

三、任务准备

(1) 材料准备：厚度为 **3 mm** 的不锈钢板材。

(2) 设备准备：北京阿奇夏米尔中走丝电火花数控线切割机床 **FW1UP**，其外形如图 3-1-2 所示。

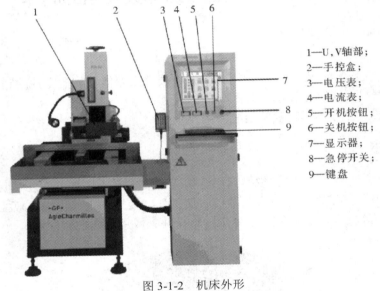

1—U，V轴部；
2—手控盒；
3—电压表；
4—电流表；
5—开机按钮；
6—关机按钮；
7—显示器；
8—急停开关；
9—键盘

图 3-1-2　机床外形

(3) 软件准备：Fikus XWire13 编程软件。图 3-1-3 和图 3-1-4 所示分别为该软件启动和运行界面。

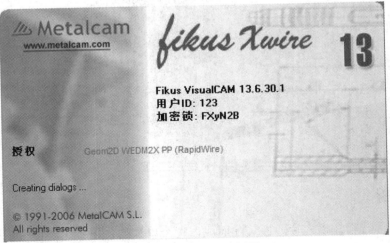

图 3-1-3　软件启动界面

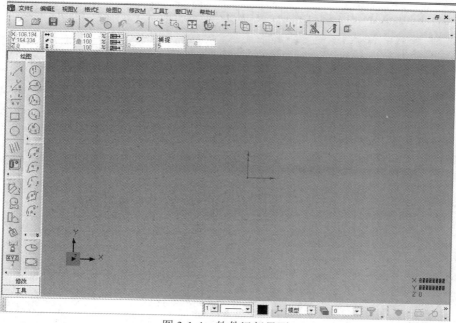

图 3-1-4 软件运行界面

四、任务实施

（一）编程

1. 绘制图形

(1) 绘制如图 3-1-5 所示置物盒的零件图并保存为 DXF 文件。

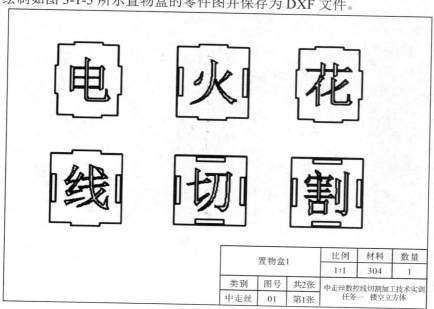

置物盒1			比例	材料	数量
			1:1	304	1
类别	图号	共2张	中走丝数控线切割加工技术实训		
中走丝	01	第1张	任务一 镂空立方体		

图 3-1-5 置物盒装配图 1

(2) 运行 Fikus XWire13 编程软件，打开 DXF 文件，如图 3-1-6 和图 3-1-7 所示。

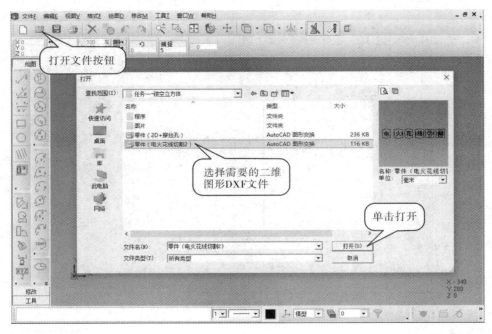

图 3-1-6　选择打开文件界面

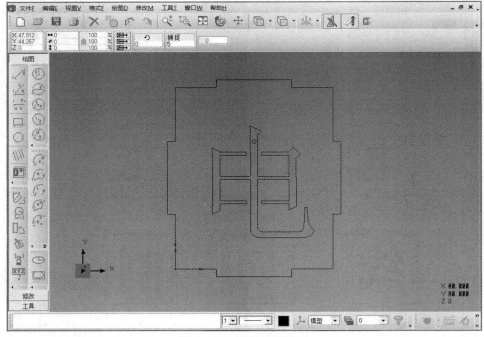

图 3-1-7　图形打开界面

(3) 点击创建刀路按钮 ，进入 CAM 环境，程序管理器图框和编程向导条如图 3-1-8 所示。

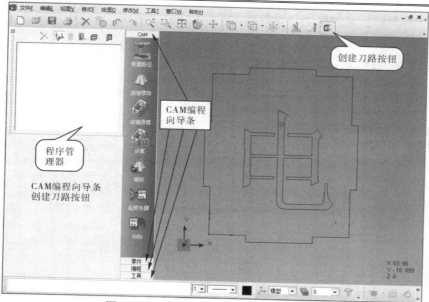

图 3-1-8 程序管理器图框和编程向导条

知识链接

CAM 向导条由 CAM、零件、编程、工具四栏组成。

(1) CAM 栏功能简介如图 3-1-9 所示。

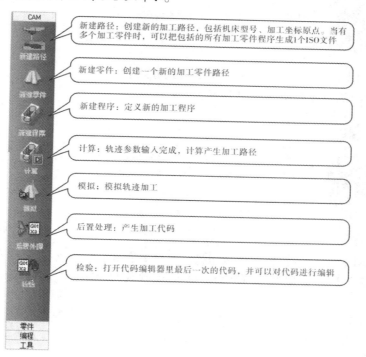

图 3-1-9 CAM 栏功能简介

(2) 零件栏功能简介如图 3-1-10 所示。

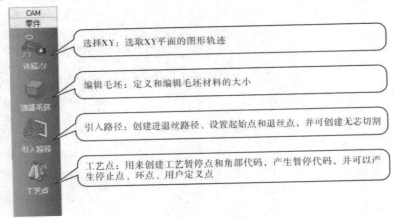

图 3-1-10　零件栏功能简介

(3) 编程栏功能简介如图 3-1-11 所示。

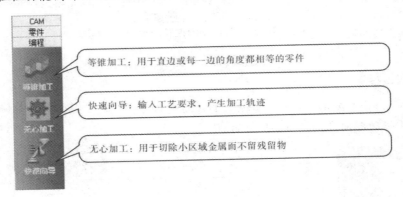

图 3-1-11　编程栏功能简介

(4) 工具栏功能简介如图 3-1-12 所示。

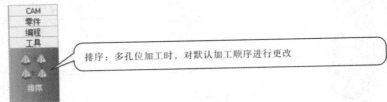

图 3-1-12　工具栏功能简介

2. 新建零件

(1) 在 CAM 栏中点击新建路径按钮 ，打开如图 3-1-13 所示"新建路径"对话框，在下拉选项中选择机床类型(默认 FW1)，点击 确认创建路径，向导条自动从 CAM 栏切换至零件栏。

(2) 在如图 3-1-14 所示零件栏的"几何"中设置高度 H 值为 10(单位 mm)。注意：设置得太小或太大都不便于图形的观察。读者也可以自己尝试设置大小，该操作对程序不会造成任何影响。

图 3-1-13　"新建路径"对话框

图 3-1-14　零件栏设置几何参数

（3）在如图 3-1-15 所示程序管理器一栏中会自动出现一个新的分支，默认名为"Geo2"。单击选择 XY 图标，通过拾取轮廓新建零件。接受默认参数并按回车键确认。

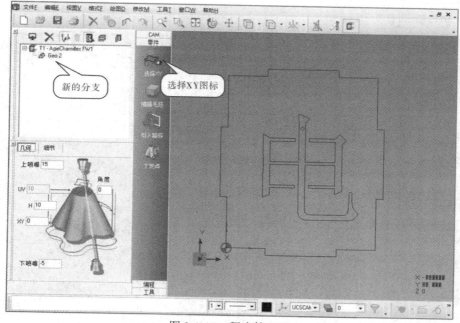

图 3-1-15　程序管理器

(4) 点击引入路径按钮，打开如图 3-1-16 所示定义引入路径窗口。

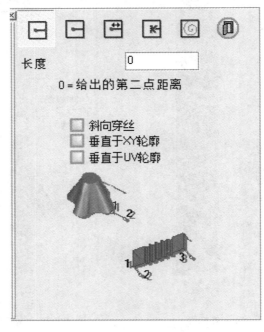

图 3-1-16　定义引入路径窗口

(5) 接受默认的定义方式，输入长度为"电"字中间轮廓宽度的一半，在轮廓内选取一点，如图 3-1-17 所示；定义外轮廓时，可根据实际坯料尺寸定义引入长度，本任务输入 10 mm，如图 3-1-18 所示。

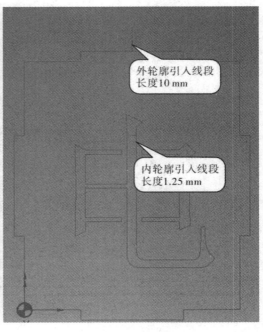

图 3-1-17　轮廓内选起割点　　　　　　　　　图 3-1-18　内外轮廓引入长度

3. 在编程栏应用快速向导定义程序

(1) 点击快速向导按钮，出现如图 3-1-19 所示窗口，选择丝径和切割次数后单击下一步按钮。

图 3-1-19　"快速向导设置"对话框

(2) 定义如图 3-1-20 所示单次切割的补偿值 0.1、切割条件 007 和补偿号 1，单击下一步按钮。

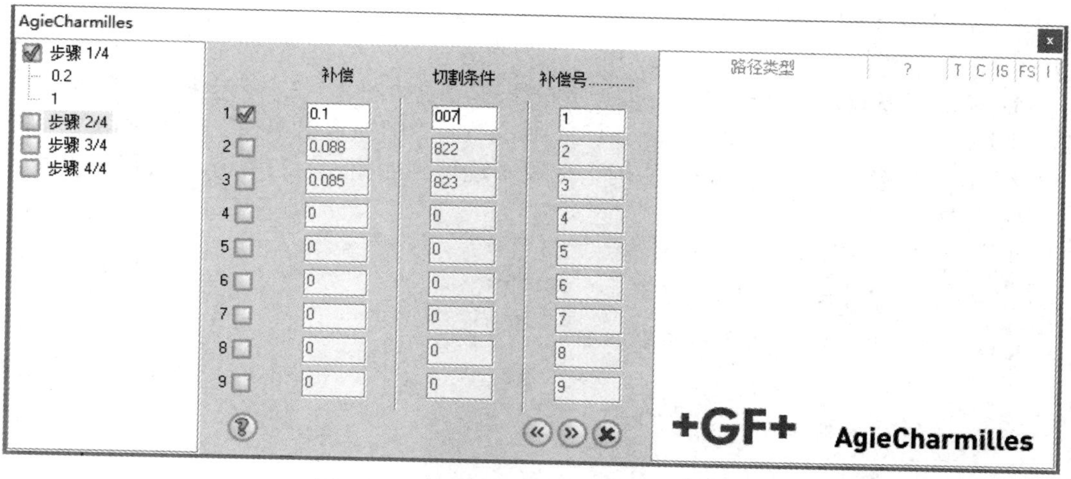

图 3-1-20　"切割补偿参数设置"对话框

(3) 对于残料长度（切割时产生的余料长度），可分为两种情况进行设置：不设置残料长度和设置残料长度。此次将残料长度设置为"0"，如图 3-1-21 所示。

图 3-1-21　"残料长度设置"对话框

 知识链接

从图 3-1-21 中可查看所有工艺，如果与希望不符，也可反向进行修改设置。右侧有用来完成工作的一系列切割的信息，解释如下：

- 路径类型：关于切割类型的信息。
- T：穿丝。
- C：剪丝。
- IS：初始停止。
- FS：终止停止。
- I：反向路径。

(4) 待所有参数定义完毕，点击下一步按钮 出现如图 3-1-22 所示窗口。在这一步里，可选择补偿"方向"，设置"圆弧切入半径"、"圆弧退出半径"、"过切量"和"退丝长度"等参数，设置完毕点击确认按钮 跳转到如图 3-1-23 所示生成程序界面。

图 3-1-22　"切割方向参数设置"对话框

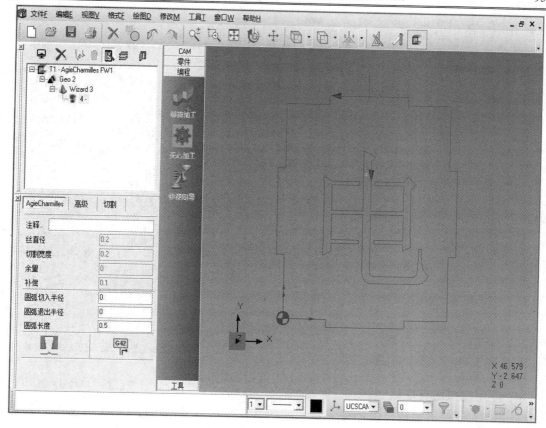

图 3-1-23　生成程序界面

提示：此次选择的是一次切割完成零件，故只生成一个程序。程序旁有个如图 3-1-24 所示小红灯标记，表示还未进行计算。

图 3-1-24　未进行计算界面

(5) 点击 CAM 栏下的计算按钮　或在程序名上右击鼠标选择计算。小红灯变为如图 3-1-25 所示的小绿灯，表示计算完毕。

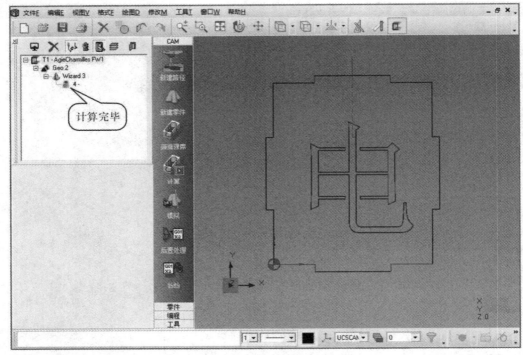

图 3-1-25　计算完毕界面

4. 使用模拟仿真功能

点击 CAM 栏下的模拟图标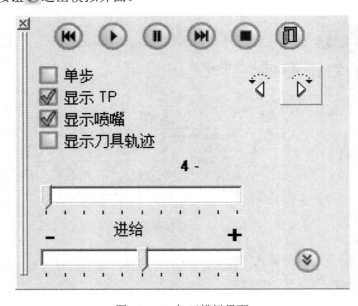，进入如图 3-1-26 所示界面模拟实际加工效果。点击按钮 ⏵ 开始模拟，可以看到整个动态的模拟过程，还可以调节模拟速度，点击按钮 ⏹ 停止模拟，点击按钮 ⏏ 退出模拟界面。

图 3-1-26　加工模拟界面

5. 后处理

后处理可将刀路轨迹后置输出为机床可执行的代码程序。将程序选中，然后点击后置处理图标，设置如图 3-1-27 所示界面 CNC 程序号后点击图标，产生需要的 G 代码文件并保存到计算机中。

图 3-1-27　程序号设置界面

6. 查看参考程序

扫描右侧二维码可查看参考程序。

7. 启动阿奇夏米尔 FW1UP 机床并拷贝程序至机床文件夹

（1）拨通主机柜侧面电源开关，按下正面绿色开机按钮，如图 3-1-28 和图 3-1-29 所示。

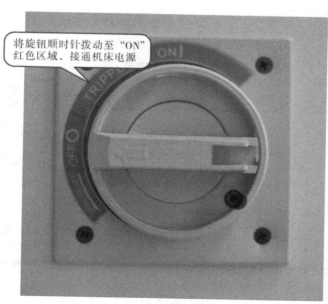

图 3-1-28　机床电源开关

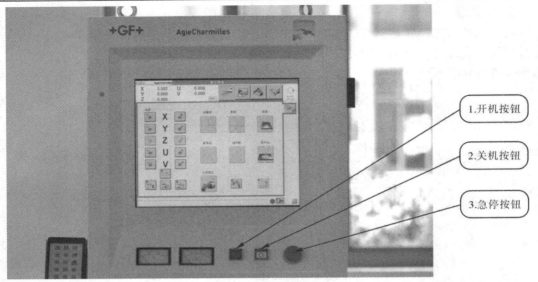

图 3-1-29　机床按钮

(2) 在机床"文件准备"界面找到 U 盘文件夹中所需的程序文件，选中所需的程序文件，单击复制文件按钮，按图 3-1-30 所示操作步骤，将文件复制到机床。

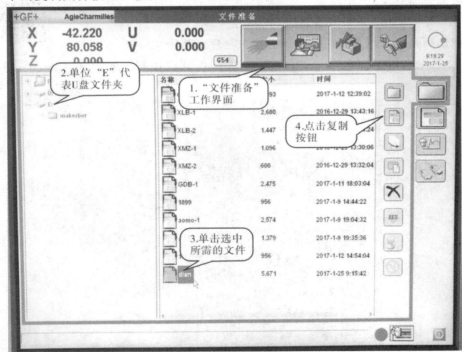

图 3-1-30　复制程序到机床步骤

(3) 此时可在机床文件夹 D 盘中找到如图 3-1-31 所示复制的程序文件。

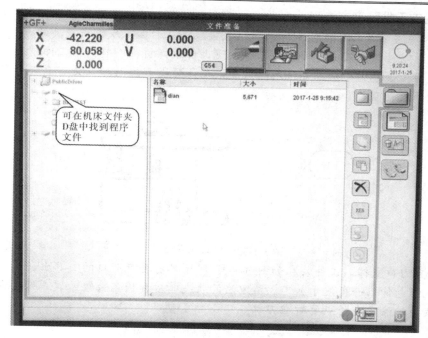

图 3-1-31　机床文件夹中程序文件

（二）装夹

知识链接

1. 中走丝数控线切割的装夹特点

（1）由于中走丝数控线切割的加工作用力小，不像切削机床要承受很大的切削力，因而其装夹的夹紧力要求不大，有的地方还可用磁力夹具定位。

（2）中走丝数控线切割的工作液是靠高速运行的丝带入切缝的，不像慢走丝那样要进行高压冲水，因此对切缝周围的材料余量没有要求，便于装夹。

（3）数控线切割是一种贯通加工方法，因而工件装夹后被切割区域要悬空于工作台的有效切割区域，因此一般采用悬臂支撑或桥式支撑方式装夹。

2. 工件装夹的一般要求

（1）工件的定位面要有良好的精度，一般以磨削加工过的面定位为好，棱边倒钝，孔口倒角。

（2）切入点要导电，热处理件切入处要去积盐及氧化皮。

（3）热处理件要充分回火去应力，平磨件要充分退磁。

（4）工件装夹的位置应利于工件找正，并应与机床的行程相适应，夹紧螺钉高度要合适，避免干涉加工过程。

（5）对工件的夹紧力要均匀，不得使工件变形和翘起。

（6）批量生产时，最好采用专用夹具，以提高生产率。

（7）加工精度要求较高时，工件装夹后，必须打表找平行、垂直。

3. 常见的工件装夹方法

(1) 悬臂式支撑。工件如图 3-1-32 所示直接装夹在台面上或桥式夹具的一个刃口上。悬臂式支撑通用性强，装夹方便，但容易出现上仰或倾斜，一般只在工件精度要求不高的情况下使用，如果由于加工部位所限只能采用此装夹方法而加工又有垂直要求时，要打表找正工件上表面。

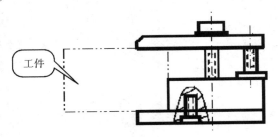

图 3-1-32　悬臂式支撑

(2) 垂直刃口支撑。工件装在如图 3-1-33 所示具有垂直刃口的夹具上，此种方法装夹后工件也能悬伸出一角便于加工。该方法的装夹精度和稳定性较悬臂式好，也便于打表找正，装夹时注意夹紧点要对准刃口。

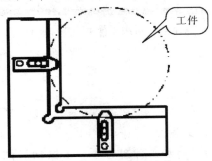

图 3-1-33　垂直刃口支撑

(3) 桥式支撑。此种装夹方式是数控线切割最常用的装夹方法，适用于装夹各类工件，特别是方形工件，装夹后稳定。只要工件上、下表面平行，装夹力均匀，工件表面即能保证与台面平行。桥的侧面也可作定位面使用，打表找正桥的侧面与工作台 X 方向平行，工件如果有较好的定位侧面，与桥的侧面靠紧即可保证工件与 X 方向平行，如图 3-1-34 所示。

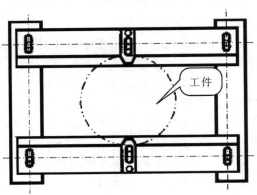

图 3-1-34　桥式支撑

(1) 调整如图 3-1-35 所示机床顶部手轮，控制上导轮高度以适应切割厚度。

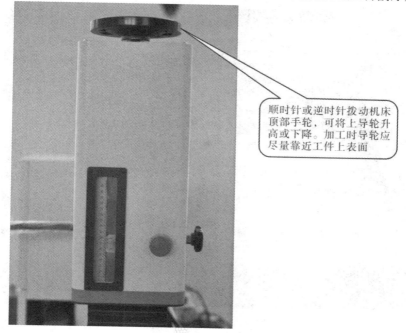

顺时针或逆时针拨动机床顶部手轮，可将上导轮升高或下降。加工时导轮应尽量靠近工件上表面

图 3-1-35 调整手轮

(2) 调整如图 3-1-36 所示机床横梁安装位置。

根据待加工零件的实际尺寸调整横梁的位置，并确保横梁的清洁

图 3-1-36 调整机床横梁

(3) 装夹如图 3-1-37 所示已钻好穿丝孔的零件毛坯。

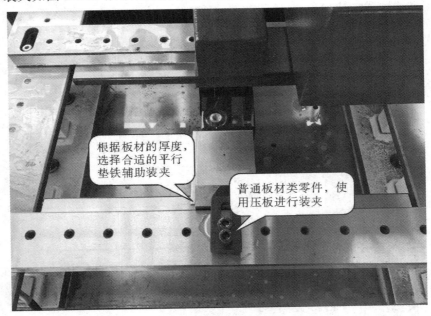

图 3-1-37   零件毛坯装夹

(4) 检查安装和运行前机床工况,如图 3-1-38 所示。

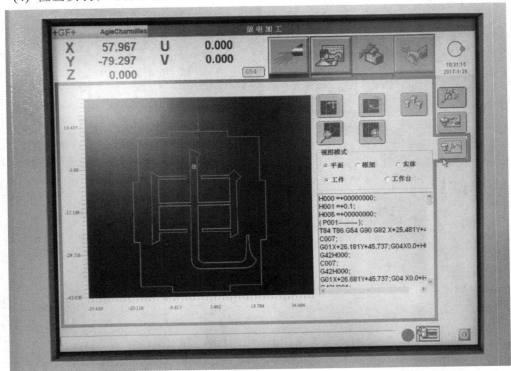

图 3-1-38   运行前机床界面

（三）切割

1. 安装电极丝

在机床上安装电极丝要根据图 3-1-39 穿丝示意图进行，并将电极丝按图 3-1-40 所示穿入零件毛坯的穿丝孔内。

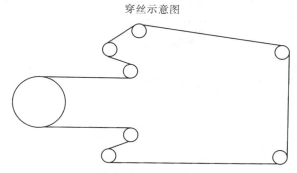

穿丝示意图

图 3-1-39　穿丝示意图

注意事项：穿丝完毕，在机动运丝及放电加工过程中，禁止用手触摸电极丝，确保安全。

图 3-1-40　电极丝穿入零件毛坯穿丝孔

2. 零件找正

加工前用自动找中心功能找出孔中心，从而保证加工出的型腔位置准确。在如图 3-1-41 所示"加工准备"界面下执行"找中心"操作，勾选"孔中心"后点击"执行"按钮，机床将自动寻找孔的中心。

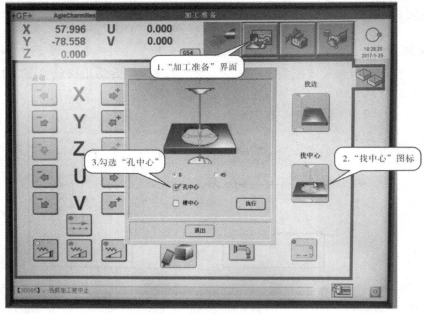

图 3-1-41　找中心操作

3. 加工

(1) 在如图 3-1-42 所示"放电加工"界面下，从 D 盘选择加工所需的程序文件，点击启动加工图标 ，再按下手控盒上的启动按钮 。加工过程如图 3-1-43 所示。

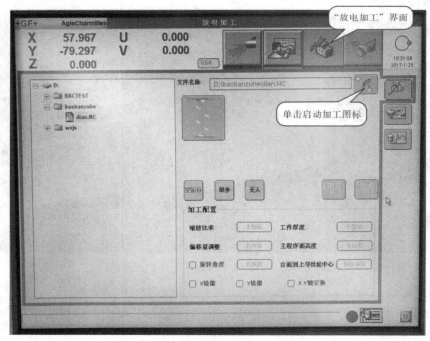

图 3-1-42　"放电加工"界面

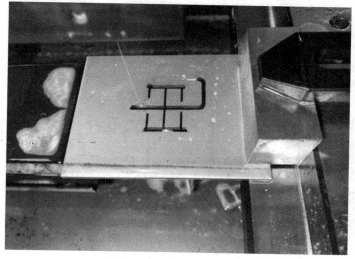

图 3-1-43　电字加工过程

(2) 加工完毕取下工件。

(3) 重复以上步骤，完成剩余五个零件的加工。

（四）装配

1. 清洁零件

首先将零件表面的工作液痕迹擦拭干净，再使用无纺布和酒精擦拭零件。

2. 零件锐边倒角

使用大小合适的锉刀对零件的锐边进行倒角，以防划伤。

3. 装配

根据图纸装配成如图 3-1-44 所示镂空立方体置物盒成品。各零件图如图 3-1-45～图 3-1-48 所示。

图 3-1-44　置物盒成品图

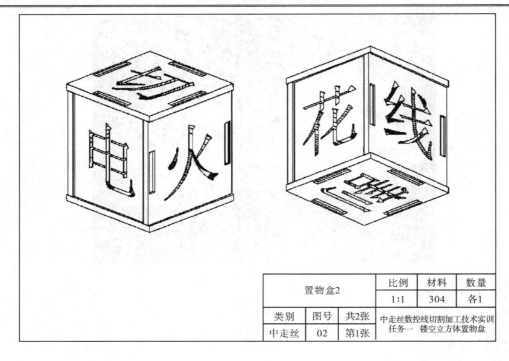

置物盒2			比例	材料	数量
			1:1	304	各1
类别	图号	共2张	中走丝数控线切割加工技术实训		
中走丝	02	第1张	任务一　镂空立方体置物盘		

图 3-1-45　置物盒装配图 2

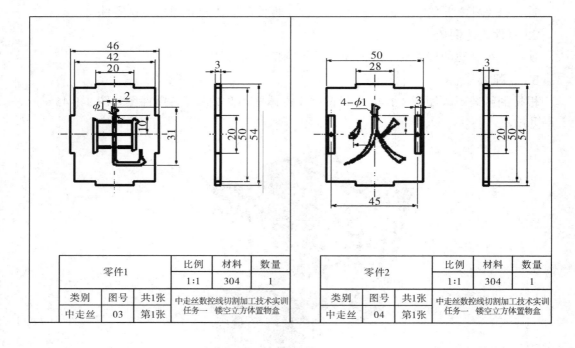

零件1			比例	材料	数量
			1:1	304	1
类别	图号	共1张	中走丝数控线切割加工技术实训		
中走丝	03	第1张	任务一　镂空立方体置物盒		

零件2			比例	材料	数量
			1:1	304	1
类别	图号	共1张	中走丝数控线切割加工技术实训		
中走丝	04	第1张	任务一　镂空立方体置物盒		

图 3-1-46　零件图(1)

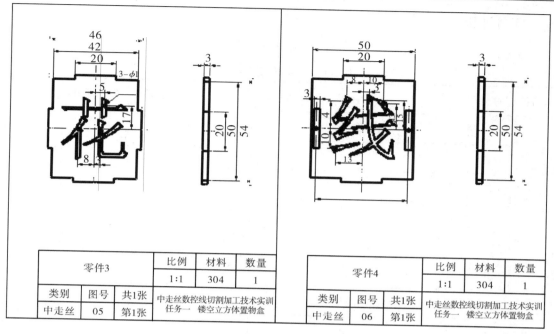

图 3-1-47 零件图(2)

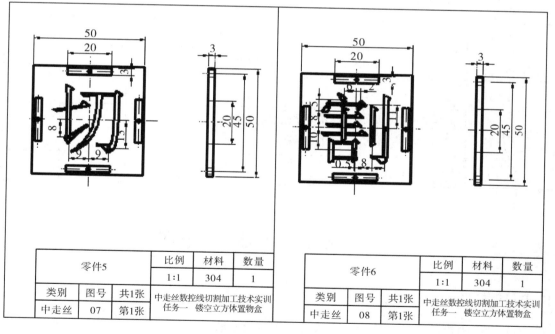

图 3-1-48 零件图(3)

（五）清洁保养机床

按照机床保养规程清洁保养机床。

五、任务评价

对本次任务进行评价分析，任务评价内容见表 3-1-1。

表 3-1-1　本任务评价表

项目	序号	评价内容	配分	学生自评	教师评分	得分
零件加工	1	零件 1	10			
	2	零件 2	10			
	3	零件 3	10			
	4	零件 4	10			
	5	零件 5	10			
	6	零件 6	10			
装配	7	零件的清洁与复检	5			
	8	零件的倒角修整	5			
	9	装配质量	15			
操作过程	10	程序编制	5			
	11	机床运行	5			
	12	零件装夹	5			
其他	13	安全文明生产（按有关安全文明要求酌情扣 1～5 分，严重的扣 10 分）	扣分			
		总　分	100			

任务二　小榔头的制作

能力目标

(1) 掌握中走丝数控线切割机床加工小榔头的方法；

(2) 学会确定工艺搭位置以及通过多次切割降低表面粗糙度值的方法；

(3) 掌握使用夹具装夹定位保证切割精度的方法；

(4) 掌握小榔头研磨与抛光的方法。

一、任务描述

本任务要求完成如图 3-2-1 所示的小榔头，加工坯料为 304 不锈钢。加工完毕需通过研磨与抛光的方法使表面粗糙度值达到 Ra 0.4。制作完成的小榔头要求外观精美、棱角分明。

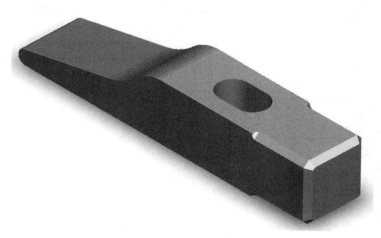

图 3-2-1　小榔头三维图

二、任务分析

小榔头外形看似简单，但在切割过程中需要多次转位装夹，找对基准尤为重要。使用夹具装夹，采用打表检测和火花找正的方法保证工件位置的正确性。由于要求表面粗糙度值较低故应采用多次切割的方法来降低表面粗糙度值，坯料切入位置和多次切割留工艺搭位置的设计也应一并考虑，规范地操作和耐心地研磨抛光才能使加工出的小榔头成为工艺品。

三、任务准备

(1) 材料准备：80 mm×25 mm×25 mm 的 304 不锈钢。
(2) 设备准备：北京阿奇夏米尔中走丝电火花数控线切割机床 FW1UP。
(3) 软件准备：Fikus XWire13 编程软件。
(4) 工、量具准备：夹具、杠杆百分表、电极丝校正器、磁性表座、带表卡尺、精细砂纸等。

四、任务实施

（一）编程

1. 绘制零件图形

(1) 绘制如图 3-2-2 所示零件标准图。

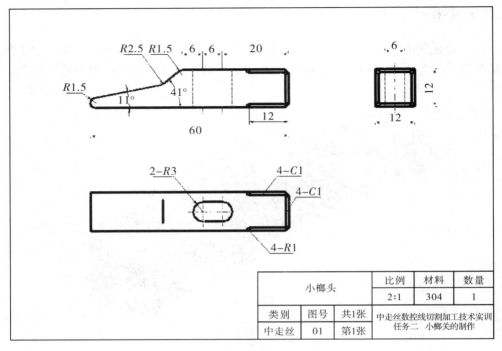

图 3-2-2　小椰头零件图

(2) 根据数控线切割加工工艺,绘制如图 3-2-3 所示数控线切割必要的轮廓线条和用于装夹的"工艺搭",另存为 DXF 文件。

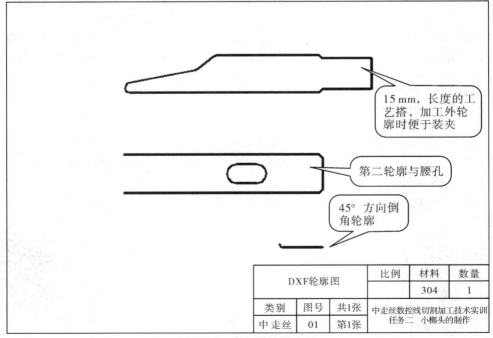

图 3-2-3　切割轮廓线条图

(3) 运行 Fikus XWire13 编程软件,打开如图 3-2-4 所示小椰头的 DXF 文件。

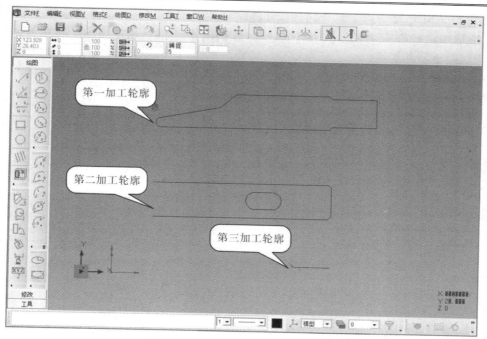

图 3-2-4　打开小榔头的 DXF 文件

2. 创建第一加工轮廓的程序

(1) 点击创建刀路按钮 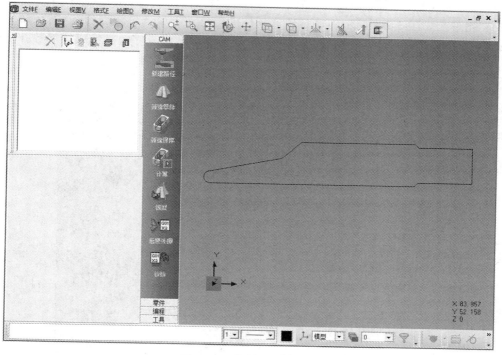，进入如图 3-2-5 所示的 CAM 环境。

图 3-2-5　软件 CAM 环境

（2）在 CAM 环境中点击新建路径按钮 ，打开如图 3-2-6 所示"新建路径"对话框。在下拉选项中选择机床类型（默认 FW1）。点击按钮 确认创建路径，向导条自动从 CAM 栏切换至零件栏。

（3）在如图 3-2-7 所示零件栏的"几何"项中设置高度 H 值为 12（单位 mm），此处设置 12 mm 意义在于能观察与零件实际相同比例的图形，对程序并无影响。

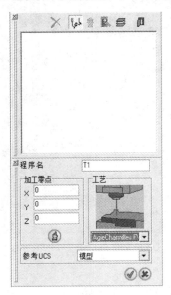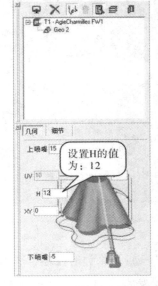

图 3-2-6　"新建路径"对话框　　　　　　　图 3-2-7　零件栏设置几何参数

（4）此时在如图 3-2-8 所示程序管理器一栏中会自动出现一个新的分支，默认命名为"Geo2"。单击选择 XY 的图标 ，通过拾取轮廓来新建零件。接受默认参数并按回车键确认。

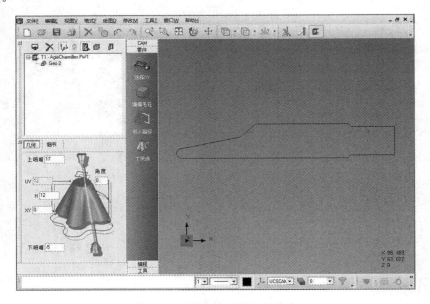

图 3-2-8　程序管理器出现分支

(5) 点击引入路径按钮 ，打开如图 3-2-9 所示定义引入路径窗口，输入路径长度 5 mm(可根据需求自定义)。

图 3-2-9　定义引入路径窗口

(6) 选择如图 3-2-10 所示所需引入路径的方向。

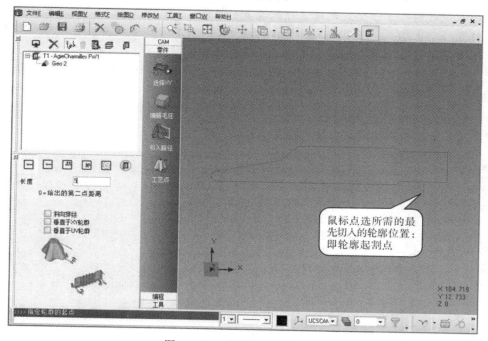

图 3-2-10　选择引入路径方向

3. 在"编程"环境下应用快速向导定义程序

(1) 点击快速向导按钮 ，出现如图 3-2-11 所示的"快速向导"对话框，选择丝径和切割次数(3 次，割 1 修 2)后单击下一步按钮 。

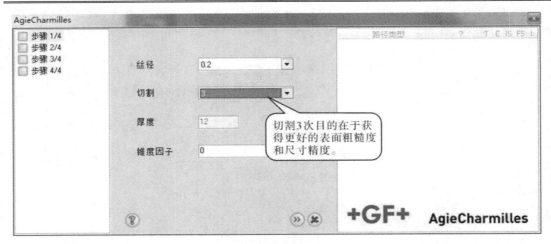

图 3-2-11 "快速向导"对话框

知识链接

数控线切割的多次切割工艺：

中走丝数控线切割机床相比快走丝数控线切割机床的加工精度更高，零件表面粗糙度低，主要原因是其具有能够进行多次切割的功能。如同磨床的磨削原理一样，要获得好的表面粗糙度和尺寸精度，就要进行反复多次精磨。数控线切割加工的多次切割工艺可使工件获得单次切割工艺不可比拟的表面质量，并且加工次数越多，工件的表面质量越好，还可减少零件的加工变形，有效提高工件的加工精度。

(2) 定义如图 3-2-12 所示多次切割的放电参数，即多次切割的补偿值、切割条件和补偿号。单击按钮 ⊗。

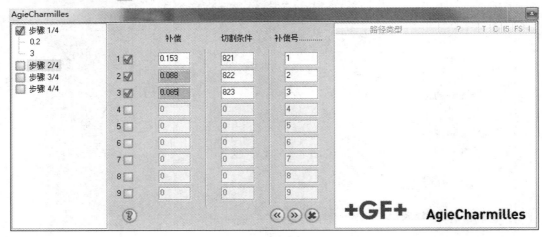

图 3-2-12 放电参数设置

知识链接

放电参数的选择：

电火花数控线切割加工中使用的放电参数是在程序里指定了放电参数的条件号代码

与对应的补偿量。使用如表 3-2-1 所示北京阿奇夏米尔 FW1UP 型号的数控线切割机床进行多次切割的参数。主切时使用的条件号是 821，修 1 时使用的条件号是 822，修 2 时使用的条件号是 823。补偿量的确定：由于放电间隙受到工作液与材质的影响，建议先进行试切，主切补偿量选择 153 μm，修 1 时的补偿量选择 88 μm，修 2 时的补偿量比修 1 时减小 3 μm。经多次修切后，零件表面粗糙度可达 $Ra0.9 \sim Ra1.1$ μm。

表 3-2-1 多次切割建议参数

切割阶段	参数号	ON	OFF	IP	SV	GP	V	Hz	工件厚度 /mm	切割效率 /(mm²/mm)	粗糙度 Ra/μ m
主切	C821	24	14	7.0	02	00	00	40	10～80		
修 1	C822	05	04	3.0	01	00	00	20	10～80		
修 2	C823	31	31	2.0	00	02	00	06	10～50	40～58	0.9～1.1
修 2	C824	31	01	2.5	00	00	00	06	50～80		

(3) 对于残料长度可分为两种情况进行设置：不设置残料长度和设置残料长度。

因为本任务属于凸模类零件，且为多次切割，如果第一次切割按零件实际轮廓走，在没有精修的情况下零件就已经掉落。因此，第一次切割要保留一段不切，保证零件不会掉落，先完成零件的大部分表面多次切割，再用粘接的方式把已加工过的部分粘起来且保证通电，对保留的部分进行多次加工。所以，必须设置残料长度，设置值为"5"，单位 mm，如图 3-2-13 所示。

图 3-2-13 残料长度设置

(4) 待所有参数定义完毕，点击按钮 » 出现如图 3-2-14 所示窗口。在这一步里，可选择补偿"方向"，设置 "圆弧切入半径"、"圆弧退出半径"、"过切量"和"退丝长度"等参数。设置完毕生成程序，如图 3-2-15 所示。

图 3-2-14　切割方向参数设置

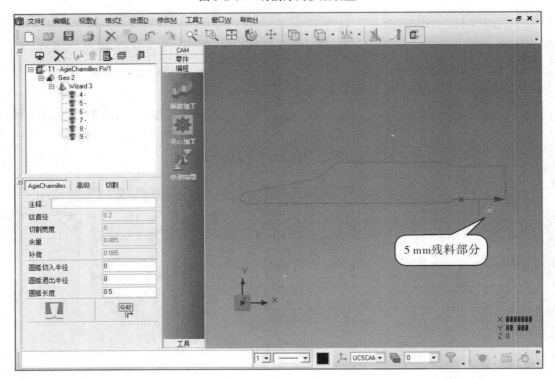

图 3-2-15　生成程序

4. 计算

点击 CAM 环境下如图 3-2-16 所示的计算按钮 或在程序名上右击鼠标选择计算。

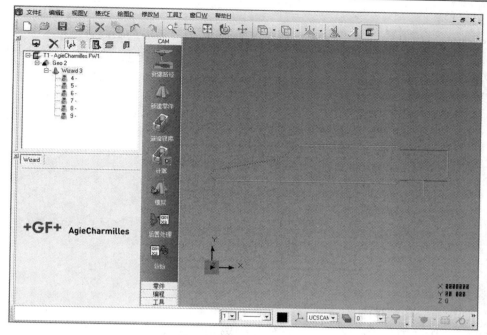

图 3-2-16　计算完毕界面

5. 使用模拟仿真功能

点击 CAM 栏下模拟图标，模拟实际加工效果。点击按钮 ⊙ 开始模拟，可以看到整个动态的模拟过程，可以调节模拟速度，点击按钮 ◉ 停止模拟，点击按钮 ⫿ 退出模拟窗口。图 3-2-17 所示为模拟仿真界面。

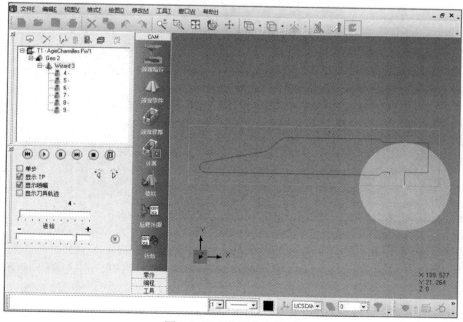

图 3-2-17　模拟仿真界面

6. 后处理

将刀路轨迹后置输出为代码程序。将程序选中，然后点击后处理图标 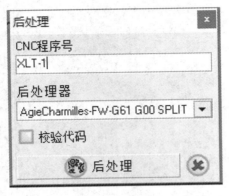，如图 3-2-18 所示设置 CNC 程序号名称为"XLT-1"，点击图标 ，产生需要的 G 代码文件并保存在计算机中。

图 3-2-18　程序号设置界面

7. 创建第二轮廓程序

(1) 点击创建刀路按钮 ，进入如图 3-2-19 所示 CAM 的环境之中。

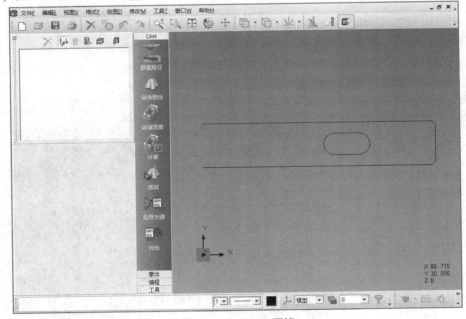

图 3-2-19　CAM 环境

(2) 新建零件：

① 在 CAM 环境中点击新建路径按钮 ，新建路径对话框打开，点击图标 确认创建路径。

② 在零件栏的"几何"中设置高度 H 值为 12(单位 mm)。

③ 单击选择 XY 图标 ，通过拾取轮廓来新建零件，按回车键确认。

④ 点击引入路径按钮 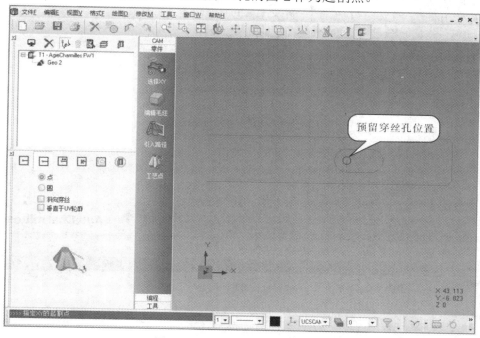，打开定义引入路径窗口。首先切割内腰形槽，选择如图 3-2-20 所示"点/投影" ⊟ 方式，点选穿丝孔的圆心作为起割点。

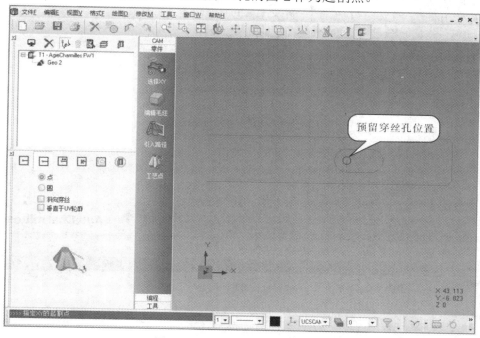

图 3-2-20 选择引入路径起割点

⑤ 再次点击引入路径按钮 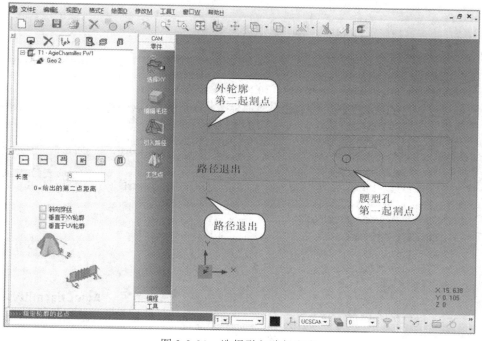，打开定义引入路径窗口，如图 3-2-21 所示选择起割点为"长度" ⊟ 方式，输入长度为 5 mm，确定引入路径的方向。

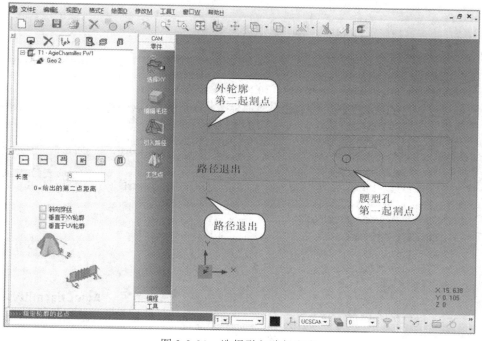

图 3-2-21 选择引入路径方向

（3）在"编程"环境下应用快速向导定义程序：重复第一轮廓加工程序中快速向导的步骤，此次切割的外轮廓为不封闭轮廓，电极丝的切割路径为顺时针向左偏置，因此选择的补偿方向为"G41—左偏"，如图 3-2-22～图 3-2-25 所示。

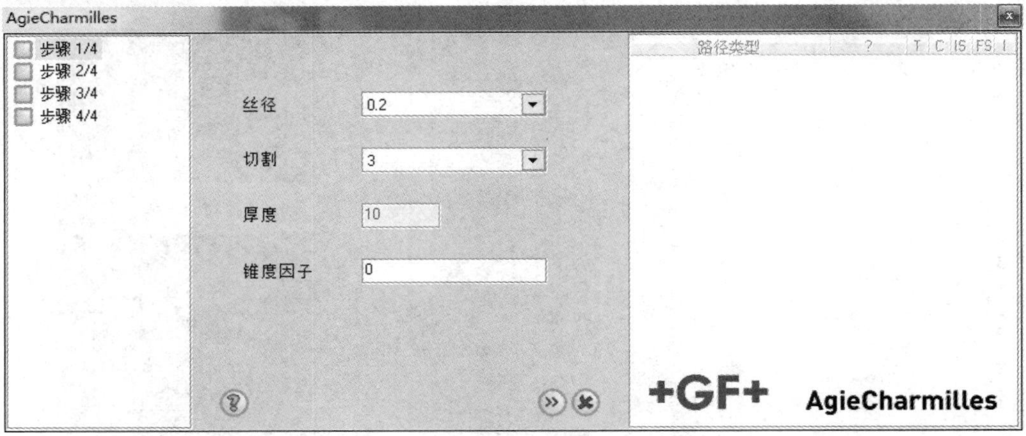

图 3-2-22　"快速向导"对话框

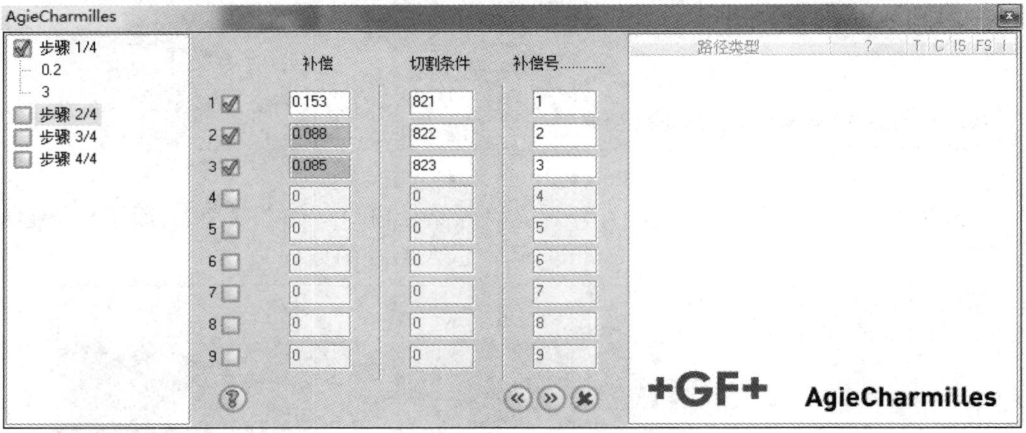

图 3-2-23　切割补偿参数设置

图 3-2-24　残料长度设置

图 3-2-25 切割方向参数设置

定义程序完毕，如图 3-2-26 所示。

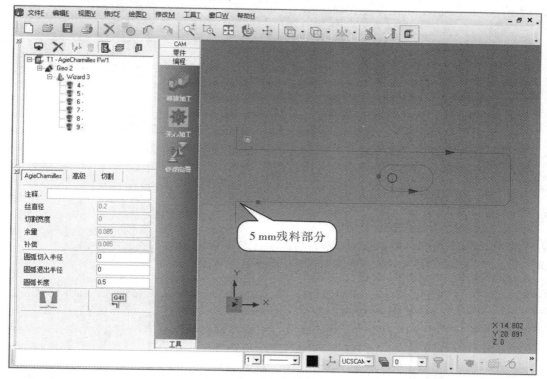

图 3-2-26 定义程序完毕

由于软件默认了切割顺序，导致先生成外轮廓后生成内腰形孔的程序，不能满足加工工艺的要求，因此需要更改成先加工内腰形孔后加工外轮廓的切割顺序。点击工具栏下的排序图标，再点选变换顺序图标，如图 3-2-27 所示。

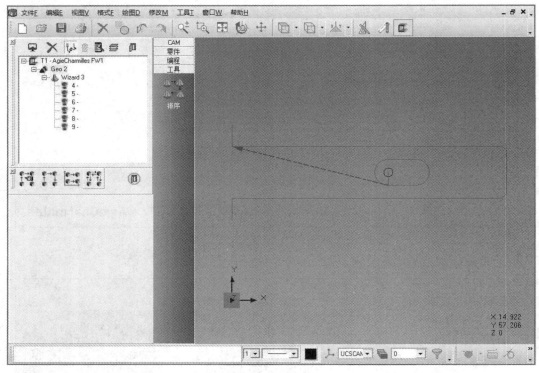

图 3-2-27　变换切割顺序

(4) 点击 CAM 环境下的计算按钮 ■ 或在程序名上右击鼠标选择计算。

(5) 使用模拟仿真功能，点击 CAM 栏下模拟图标 ■，模拟实际加工效果。

(6) 将程序选中，然后点击后处理图标 ■，按图 3-2-28 所示设置 CNC 程序号为"XLT-2"，点击图标 ■，产生需要的 G 代码文件并保存在计算机中。

图 3-2-28　程序号设置界面

8. 创建第三轮廓程序

参照第二轮廓加工程序的相关步骤，如图 3-2-29 和图 3-2-30 所示。

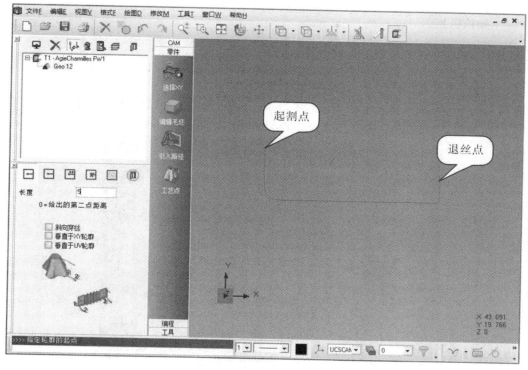

图 3-2-29 第三轮廓程序

图 3-2-30 程序号设置界面

9. 查看参考程序

扫描右侧二维码可查看参考程序。

10. 拷贝程序

启动阿奇夏米尔 FW1UP 机床并拷贝程序至机床文件夹（参考程序见附录）。

（二）机床准备

(1) 检查机床各部件运行情况是否正常。

(2) 采用 FW1UP 电极丝校正器校正电极丝垂直度。

知识链接

电极丝垂直度的校正：

在精密零件加工或切割零件锥度等情况下，应校正电极丝对工作台面的垂直度，保持电极丝与工作台面（或工件）的垂直。

使用电极丝校正器对电极丝进行校正，应在不放电、不走丝的情况下进行。该方法操作方便，校正精度高。图 3-2-31 所示为电极丝校正器。

图 3-2-31　电极丝校正器

(1) 擦净校正器的底面、测量头的测量面和工作台面。如图 3-2-32 所示，校正器放置于台面与桥式夹具（横梁）的垂直刃口处，使测量头探出横梁，测量头的两测量面分别与 X、Y 轴平行。

图 3-2-32　校正器放置

(2) 把校正器上连线的鳄鱼夹头（如图 3-2-33 所示）夹在导电良好的固定横梁的螺钉上。

图 3-2-33　接线

（3）用手控盒将电极丝移动逐渐靠近并与测量头接触，观察指示灯。如果是 X 方向，上面灯亮则要按"U+"，反之亦然，如图 3-2-34 所示。调整直到两个指示灯同时亮起，说明电极丝已找到垂直，如图 3-2-35 所示。用相同的方法校正 Y 方向。

图 3-2-34　电极丝不垂直

图 3-2-35　电极丝垂直

（4）找正后，将 U、V 坐标清零。

（三）零件加工

1. 数控线切割

（1）装夹。将已钻好穿丝孔的零件坯料按第一轮廓加工方向采用如图 3-2-36 所示桥式支撑装夹。

图 3-2-36　桥式支撑装夹零件坯料

(2) 穿丝。把电极丝穿过穿丝孔，如图 3-2-37 所示，并执行寻中心指令。

图 3-2-37　第一轮廓穿丝

(3) 启动如图 3-2-38 所示第一轮廓加工程序(XLT-1)。

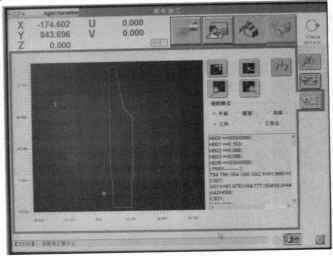

图 3-2-38　启动第一轮廓加工程序

(4) 黏接。第一轮廓加工程序执行到暂停点，再次启动程序切割剩余 5 mm 残料前，需将零件如图 3-2-39 所示进行黏接处理，防止掉落。

图 3-2-39　黏接

（5）继续切割。点击启动按钮，继续切割。

（6）换向装夹。将已钻好穿丝孔的零件坯料按第二轮廓加工方向装夹，使用百分表（如图3-2-40所示）检测零件装夹垂直度，调整到垂直要求。

图 3-2-40　检测零件垂直度

（7）寻边。执行寻边命令，对二次装夹后的零件进行分中，找到腰形孔起割点位置，如图3-2-41所示。

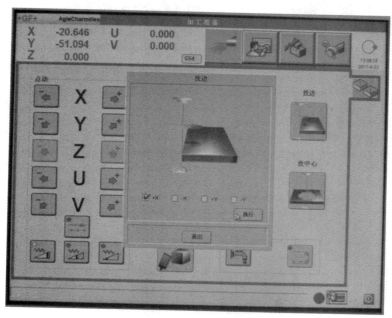

图 3-2-41　分中界面

(8) 穿丝。在找到的起割点处，将电极丝如图 3-2-42 所示穿过腰形孔中预先钻好的穿丝孔。

图 3-2-42　电极丝穿入腰形孔位置穿丝孔

(9) 启动第二轮廓加工程序(XLT-2)。先切割如图 3-2-43 所示内腰形孔，后切割外轮廓。

图 3-2-43　切割内腰形孔实物

(10) 转位装夹。按第三轮廓加工方向如图 3-2-44 所示装夹,本次装夹需要使用标准 V 形架进行悬臂式支撑的装夹方法。

图 3-2-44　V 形架装夹

(11) 寻边。执行寻边命令,对第三次装夹后的零件进行找正。

(12) 启动第三轮廓加工程序(XLT-3),需要加工四个位置的角度,依次翻转 90°,执行寻边命令找正工件后加工。

(13) 取下工件,检查、清洁表面。

2. 钳工

(1) 使用粗砂纸抛光。中走丝数控线切割多次修刀后的表面质量可达 $Ra0.9$,一般选择如图 3-2-45 所示 800 目和 1200 目两级砂纸,抛光至 $Ra0.4$。

图 3-2-45　砂纸

将切割完毕的小榔头装夹在台虎钳上,把选用的 800 目砂纸剪裁成比锉刀宽度稍宽的条状,包裹在锉刀表面,使用如图 3-2-46 所示钳工手工加工的方法对各表面依次进行抛光。

图 3-2-46　抛光

(2) 使用 1200 目精砂纸对各表面用同样的方法进行抛光，如图 3-2-47 所示。

图 3-2-47　抛光

(3) 制作完毕的小榔头如图 3-2-48 所示。

图 3-2-48　小榔头实物

（四）清洁保养机床

按照机床保养规程清洁保养机床。

五、任务评价

对本次任务进行评价分析，任务评价内容见表 3-2-2。

表 3-2-2　本任务评价表

项目	序号	评价内容	配分	学生自评	教师评分	得分
编程	1	绘图	10			
	2	刀路设置	5			
	3	程序编辑	5			
	4	文档存储与传输	5			
机床准备	5	检查机床运行	5			
	6	电极丝垂直度校正	15			
零件加工	7	零件装夹	10			
	8	穿丝	5			
	9	寻中心	5			
	10	寻边	5			
	11	机床运行	5			
	12	成品尺寸	15			
	13	钳工抛光	5			
外观检测	14	表面质量	3			
	15	清洁工作	2			
其他	16	安全文明生产（按有关安全文明要求酌情扣 1～5 分，严重的扣 10 分）	扣分			
		总　　分	100			

任务三　加工冷冲模凹模

能力目标

(1) 使用 Fikus XWire13 软件完成凹模零件的编程；

(2) 学会通过打表检测确定凹模装夹位置的方法；

(3) 使用中走丝数控线切割机床完成凹模零件型腔与销孔的加工。

一、任务描述

本任务要求使用中走丝数控线切割机床完成一套插脚复合模具中凹模的最后一道工序。该零件由 Cr12 淬火件制作而成，完成如图 3-3-1 所示凹模上型腔与两销钉孔的加工。

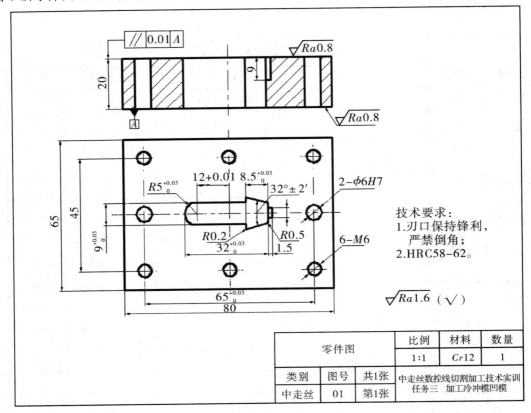

图 3-3-1　凹模零件图

二、任务分析

由于此工件为淬火件，型腔又是模具中成型的关键，故一旦出错极有可能导致前道工序甚至整块凹模的报废，所以在操作中需小心谨慎仔细复核以免出错，如切割程序的检查，操作步骤是否正确，量具检测有无到位以及夹具定位是否准确，等等，只有对细节加强把控才是成功的保证。

三、任务准备

(1) 材料准备：80 mm×60 mm×20 mm 前道工序已完成的 Cr12 淬火件，两大平面磨削加工至 Ra0.8。

(2) 设备准备：北京阿奇夏米尔中走丝电火花数控线切割机床 FW1UP。

(3) 软件准备：Fikus XWire13 编程软件。

(4) 工、量具准备：数控线切割用夹具、杠杆百分表、磁性表座、带表卡尺。

四、任务实施

（一）编程

1. 打开文件

运行 Fikus XWire13 编程软件，打开如图 3-3-2 所示凹模的 DXF 文件。

图 3-3-2　打开凹模的 DXF 文件

2. 确定穿丝孔位置

根据零件标准图，确定各型腔的穿丝孔位置，如图 3-3-3 所示。

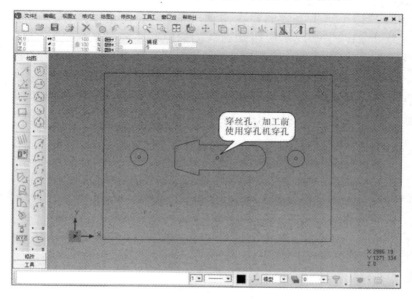

图 3-3-3　确定穿丝孔位置

3. 创建轮廓加工的程序

(1) 点击创建刀路按钮 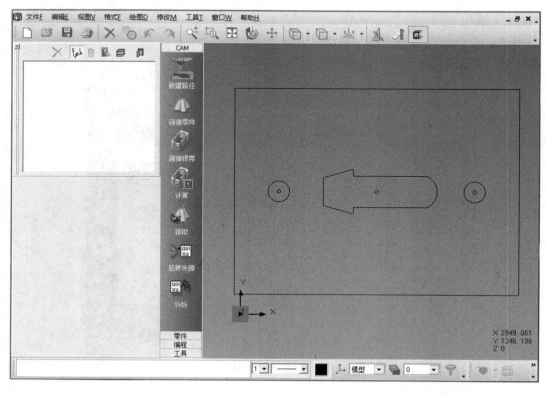，进入如图 3-3-4 所示的 CAM 环境中。

图 3-3-4　CAM 环境

(2) 新建零件：

① 在 CAM 环境中点击新建路径按钮 ，新建路径对话框打开。在下拉选项中选择机床类型（默认 FW1），点击按钮 确认创建路径，向导条自动从 CAM 栏切换至零件栏。

② 在零件栏的"几何"项中设置高度 H 值为 20(单位 mm)。

③ 此时在程序管理器一栏中会自动出现一个新的分支，默认命名为"Geo2"。如图 3-3-5 所示，单击选择 XY 的图标 ，通过拾取轮廓来新建零件。接受默认参数并按回车键确认。

💡提示：为了方便卸料，一般凹模型腔落料方向需设置一定的锥度，可在"几何"项中设置，但倒装复合模中的凹模是通过安装打件块来实现卸料的，所以不切割锥度，此凹模就属于这种情况。

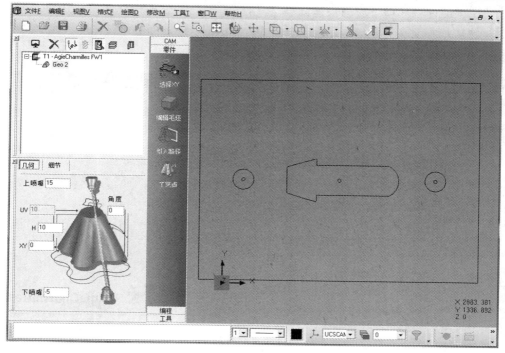

图 3-3-5 程序管理器出现分支图

④ 点击引入路径按钮，打开如图 3-3-6 所示定义引入路径窗口，选择"点投影"的方式。

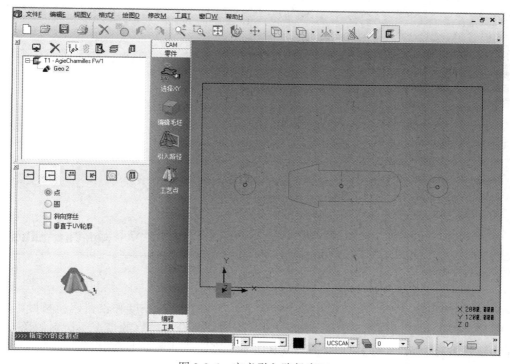

图 3-3-6 定义引入路径窗口

（3）在"编程"环境下应用快速向导定义程序。

① 点击快速向导按钮![按钮]，出现如图 3-3-7 所示的"快速向导"对话框，选择丝径和切割次数（3 次，割 1 修 2）后单击下一步。

图 3-3-7　　"快速向导"对话框

② 定义多次切割的放电参数如图 3-3-8 所示，即多次切割的补偿值、切割条件和补偿号，单击按钮![按钮]。

图 3-3-8　　设置放电参数

③ 对于残料长度可分为两种情况进行设置：不设置残料长度和设置残料长度。

因为本任务属于凹模类零件多次切割，一次切割在没有精修的情况下废料脱落，对轮廓的精修没有影响，因此可以如图 3-3-9 所示选择不设置残料长度。

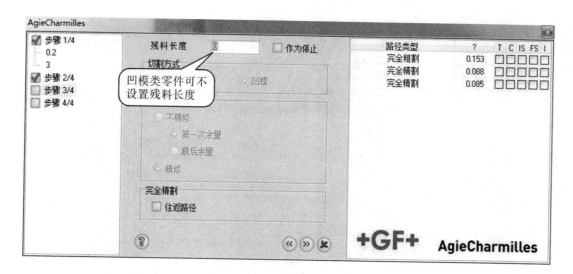

图 3-3-9　残料长度设置

④　待所有参数定义完毕，点击下一步按钮，如图 3-3-10 所示选择补偿"方向"，设置"圆弧切入半径"、"圆弧退出半径"、"过切量"和"退丝长度"等参数。凹模是模具中的重要零件，加工精度直接影响到模具最终成型零件的外轮廓尺寸，因此圆弧切入/退出的半径设置为 0.5 mm。

图 3-3-10　切割方向参数设置

(4)　点击 CAM 环境下的计算按钮或在程序名上右击鼠标选择计算。

(5)　使用模拟仿真功能，点击 CAM 栏下模拟图标，模拟实际加工效果。点击按钮开始模拟，可以看到整个动态的模拟过程，可以调节模拟速度，点击按钮停止模拟，点击按钮退出模拟窗口。图 3-3-11 所示为模拟运行状态。

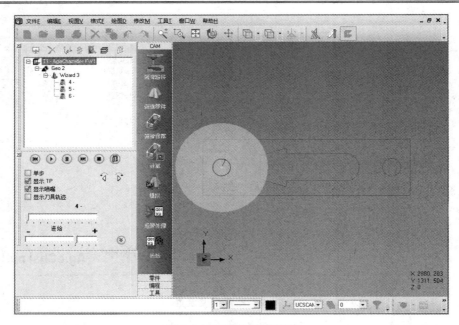

图 3-3-11　模拟仿真界面

(6) 根据加工需求，选择合适的加工顺序，如图 3-3-12 所示。

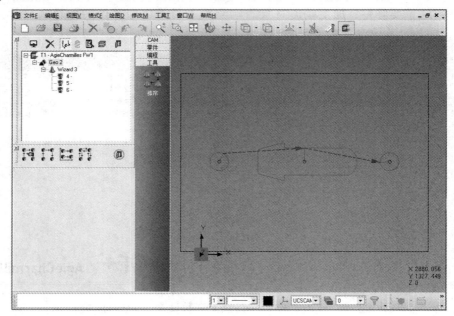

图 3-3-12　选择加工顺序

(7) 后处理，将刀路轨迹后置输出为代码程序。将程序选中，然后点击后处理图标，如图 3-3-13 所示设置 CNC 程序号名称为"AOMO"，点击图标，生成需要的 G 代码文件保存在计算机中。

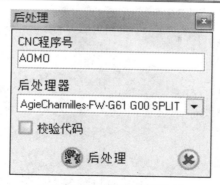

图 3-3-13　程序号设置界面

4. 查看参考程序

扫描右侧二维码可查看参考程序。

5. 拷贝文件

启动阿奇夏米尔 FW1UP 机床并拷贝程序至机床文件夹。

（二）机床准备

(1) 检查机床各部件运行情况是否正常。

(2) 电极丝垂直度的调整，采用 FW1UP 校正器校正的方法。

（三）零件加工

(1) 装夹。将如图 3-3-14 所示已钻好穿丝孔的凹模坯料按轮廓加工方向装夹。

图 3-3-14　凹模的装夹

(2) 调整。使用百分表如图 3-3-15～图 3-3-17 所示检测装夹好的凹模大平面以及侧面的 X、Y 方向位置是否正确，检测标准为百分表示值保持在 0.01 mm 以内。

图 3-3-15　平面检测

图 3-3-16　Y 向检测

图 3-3-17　X 向检测

（3）穿丝。把电极丝如图 3-3-18 所示穿过穿丝孔后执行寻中心指令。

图 3-3-18 穿丝

（4）启动轮廓加工程序（AOMO），如图 3-3-19 和图 3-3-20 所示。

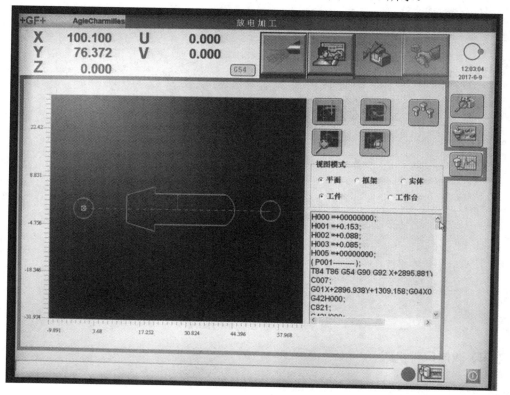

图 3-3-19 轮廓加工程序机床屏幕显示

图 3-3-20　凹模加工中

图 3-3-21 所示为加工完毕的凹模。

图 3-3-21　加工完毕的凹模

（四）清洁保养机床

按机床保养规程清洁保养机床。

五、任务评价

对本次任务进行评价分析，任务评价内容见表 3-3-1。

表 3-3-1　本任务评价表

项目	序号	评价内容	配分	学生自评	教师评分	得分
编程	1	绘图	5			
	2	刀路设置	5			
	3	程序编制	5			
	4	文档存储与传输	5			
机床准备	5	检查机床运行	5			
	6	电极丝垂直度校正	10			
零件加工	7	零件装夹	5			
	8	穿丝	5			
	9	寻中心	5			
	10	寻边	5			
	11	机床运行	5			
尺寸检测	12	$9^{+0.03}_{0}$	4			
	13	$32^{+0.03}_{0}$	4			
	14	$8.5^{+0.03}_{0}$	4			
	15	12 ± 0.01	5			
	16	$R5^{+0.03}_{0}$	4			
	17	$32°\pm2'$	5			
	18	$65^{+0.03}_{0}$	4			
	19	$2\text{-}\phi6H7$	5			
外观检测	20	表面质量	3			
	21	清洁工作	2			
其他	22	安全文明生产（按有关安全文明要求酌情扣 1～5 分，严重的扣 10 分）	扣分			
		总　分	100			

任务四　加工冷冲模凸凹模

能力目标

(1) 掌握凸模类零件的封闭切割方法；
(2) 掌握冷冲模凸凹模型腔锥度的切割方法。

一、任务描述

本任务要求完成如图 3-4-1 所示插脚复合模具中的凸凹模，该零件由一块磨削过的 Cr12 淬火件作为加工坯料，零件轮廓面与两端面的垂直度要求为 0.01，圆锥落料孔与中心线偏置角度为 0°37′。

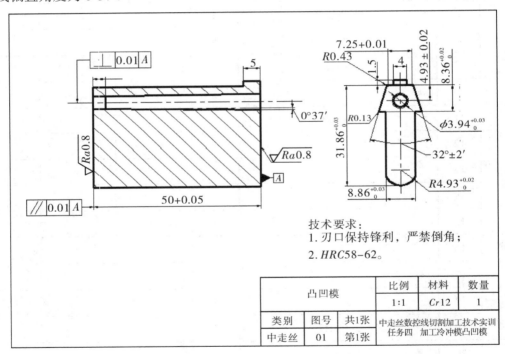

图 3-4-1　凸凹模零件图

二、任务分析

复合模中的凸凹模是形成冲裁产品的主要零件，要求零件轮廓面与两端面的垂直度符合要求，零件尺寸控制在公差以内，圆锥落料孔需采用数控线切割机床锥度切割的功能。本零件需使用封闭切割的方法，尽可能地减少毛坯材料的内部应力导致的尺寸和形状偏差。根据零件图要求，应如图 3-4-2 所示首先切割中心锥孔，然后切割凸凹模轮廓并精修，最后将成型的凸凹模零件横置，切割外部台阶。

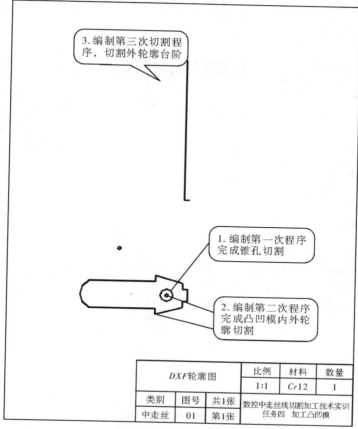

图 3-4-2 切割轮廓线条图

三、任务准备

(1) 材料准备：已作好穿丝孔的 100 mm×80 mm×50 mmCr12 淬火件，两表面磨削加工至 $Ra0.8$。

(2) 设备准备：北京阿奇夏米尔中走丝电火花数控线切割机床 FW1UP。

(3) 软件准备：Fikus XWire13 编程软件。

(4) 工、量具准备：数控线切割用夹具、杠杆百分表、磁性表座、带表卡尺、502 胶水。

四、任务实施

（一）编程

1. 打开文件

运行 Fikus XWire13 编程软件，打开如图 3-4-3 所示凸凹模的 DXF 文件。

图 3-4-3　打开凸凹模的 DXF 文件

2. 确定穿丝孔位置

根据零件图，确定如图 3-4-4 所示封闭切割所需的穿丝孔位置。

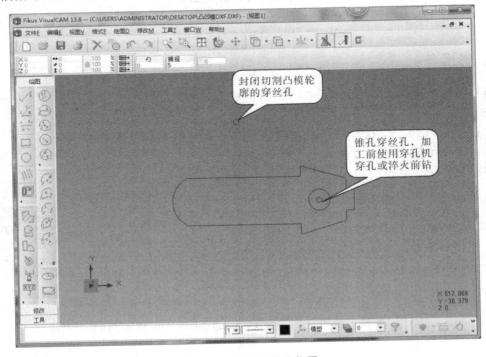

图 3-4-4　确定穿丝孔位置

3. 创建第一轮廓加工的程序

(1) 点击创建刀路按钮 ▣，进入如图 3-4-5 所示"CAM"的环境中。

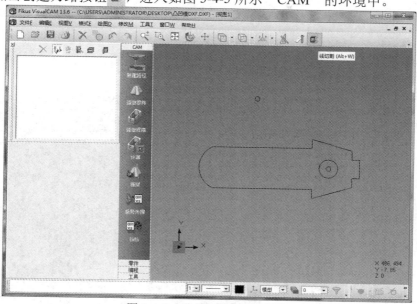

图 3-4-5　进入软件 CAM 环境

(2) 新建零件：

① 在 CAM 环境中点击新建路径按钮 █，打开新建路径对话框。在下拉选项中选择机床类型（默认 FW1），点击按钮 ✅ 确认创建路径，向导条自动从 CAM 栏切换至零件栏。

② 选择第一次切割轮廓——锥孔。单击选择 XY 的图标 █，通过拾取轮廓来新建零件。接受默认参数并按回车键确认，如图 3-4-6 所示。

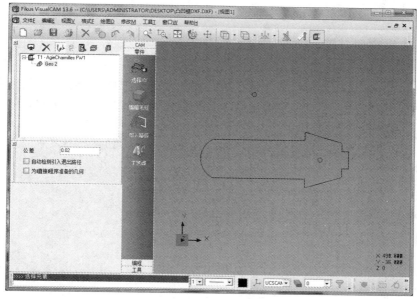

图 3-4-6　拾取锥孔轮廓

③ 设置锥度切割。在"零件"栏的"几何"项中设置如图 3-4-7 所示高度 H 值为 50（单位 mm），角度为 + 0.617°。同时，上、下喷嘴分别以待加工零件的下端面为参考基准面，设置值为 105 mm 和 −25 mm，并将机床喷嘴位置调节至所设置高度。

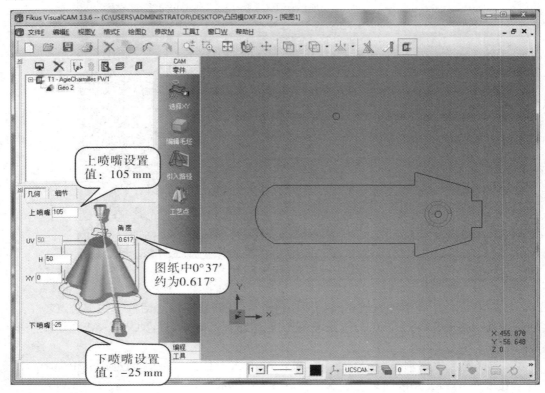

图 3-4-7　锥度切割设置

知识链接

电火花数控线切割机床切割带有锥度的凸模或凹模类零件，对于上下形状相同的固定锥度，只需按照对应基准参考平面编制二维的轮廓加工程序，然后利用数控线切割系统本身固有的固定锥度切割功能即可进行锥度的切割。

同一个基准参考平面与锥度值，在编程时设置的不同，切割的效果也将不同，如图 3-4-8 和图 3-4-9 所示。

图 3-4-8　正锥度

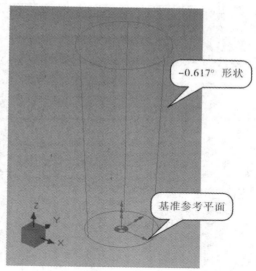

图 3-4-9　倒锥度

图 3-4-10 所示的上、下导丝嘴的高度设置需与机床实际导丝喷嘴高度一致，否则将影响加工精度。图 3-4-11 所示为锥度切割仿真示意图。

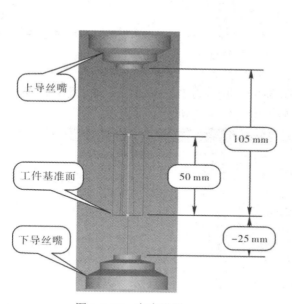

图 3-4-10　高度设置

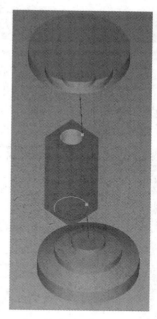

图 3-4-11　锥度切割仿真示意图

④ 点击引入路径按钮，打开如图 3-4-12 所示定义引入路径窗口，选择"点投影"的方式。

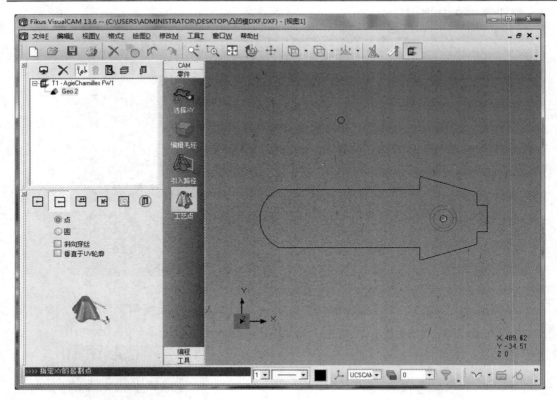

图 3-4-12　引入路径窗口

(3) 在"编程"环境下应用快速向导定义程序。

① 点击快速向导按钮 ，出现如图 3-4-13 所示的"快速向导"对话框，选择丝径和切割次数（落料孔，切割 1 次即可）后单击下一步按钮。

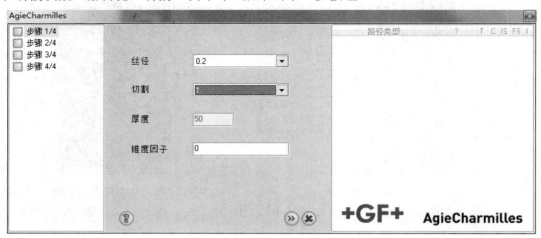

图 3-4-13　"快速向导"对话框

② 定义如图 3-4-14 所示的放电参数，即切割的补偿、切割条件和补偿号，单击下一步按钮 。

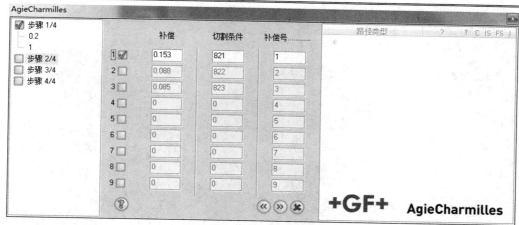

图 3-4-14 设置放电参数

③ 设置残料长度为 0，即直接落料，如图 3-4-15 所示。

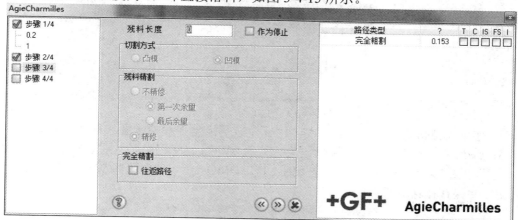

图 3-4-15 残料长度设置

④ 点击下一步按钮 »，选择如图 3-4-16 所示补偿"方向"后点击按钮 ✓ 确认。

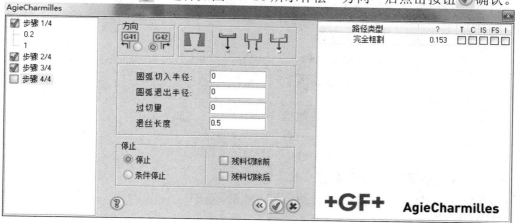

图 3-4-16 切割方向参数设置

(4) 点击如图 3-4-17 所示 CAM 环境下的计算按钮 或在程序名上右击鼠标选择计算。

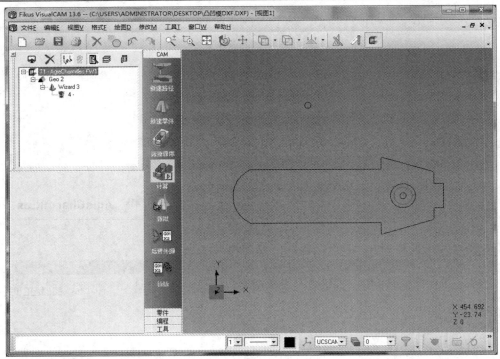

图 3-4-17　生成程序界面

(5) 使用模拟仿真功能，点击 CAM 栏下模拟图标，模拟锥孔实际加工效果。

(6) 后处理，将刀路轨迹后置输出为代码程序。将程序选中，然后点击后处理图标，设置如图 3-4-18 所示 CNC 程序号为"TUAOMO-1"，点击图标，生成需要的 G 代码文件并保存在计算机中。

图 3-4-18　程序号设置界面

4. 创建第二轮廓（凸凹模轮廓）加工的程序

(1) 再次点击创建刀路按钮，进入 CAM 的环境中。

(2) 新建零件：

① 在 CAM 环境中点击如图 3-4-19 所示新建路径按钮，新建路径对话框打开。点击确认创建路径，向导条会自动从 CAM 栏切换至零件栏。

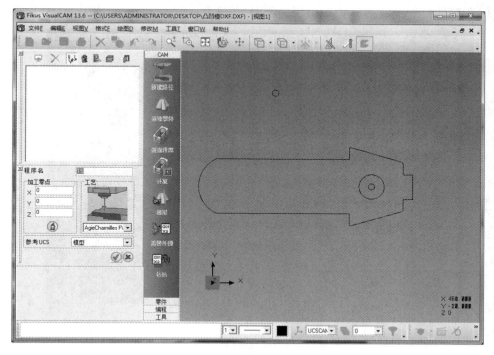

图 3-4-19 新建路径

② 选择第二次切割轮廓。单击选择 XY 的图标，通过拾取轮廓来新建零件。接受默认参数并按回车键确认，如图 3-4-20 所示。

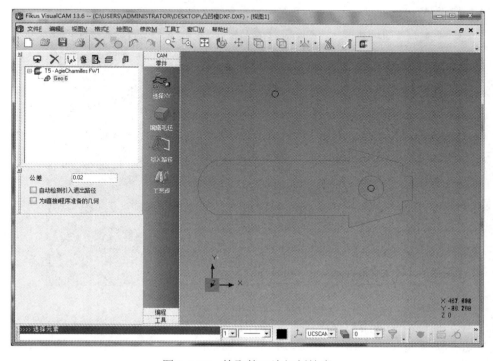

图 3-4-20 拾取第二次切割轮廓

③ 在零件栏的"几何"项中设置高度 H 值为 50（单位 mm），如图 3-4-21 所示。

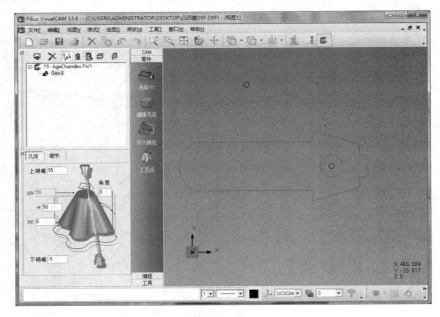

图 3-4-21　零件栏设置几何参数

④ 点击引入路径按钮，打开如图 3-4-22 所示定义引入路径窗口，选择"点投影"的方式。

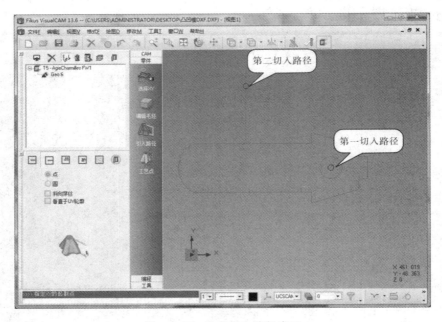

图 3-4-22　定义引入路径窗口

(3) 在编程环境下应用快速向导定义程序：

① 点击快速向导按钮，选择如图 3-4-23 所示丝径和切割次数（内外轮廓，均切 1 修 2）。

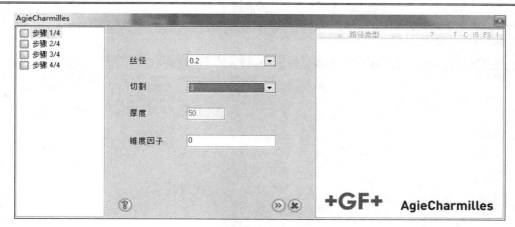

图 3-4-23　快速向导设置

② 定义如图 3-4-24 所示放电参数，即切割的补偿、切割条件和补偿号。单击下一步按钮 📂 。

图 3-4-24　设置放电参数

③ 设置如图 3-4-25 所示残料长度为 10(封闭切割凸模轮廓)。

图 3-4-25　残料长度设置

④ 待所有参数定义完毕，点击下一步按钮 ⟩⟩，设置如图 3-4-26 所示圆弧切入/退出半径 0.5 mm，选择补偿"方向"。

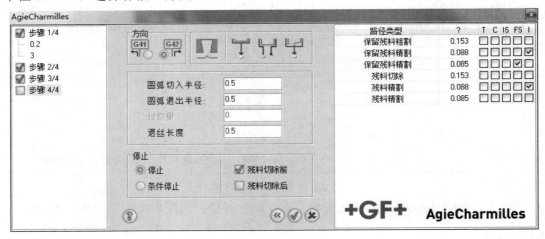

图 3-4-26　切割方向参数设置

(4) 点击 CAM 环境下的计算按钮 ，或在程序名上右击鼠标选择计算。

(5) 在工具栏下点选排序功能图标，如图 3-4-27 所示对加工轮廓进行排序，先凹模轮廓，后凸模轮廓。

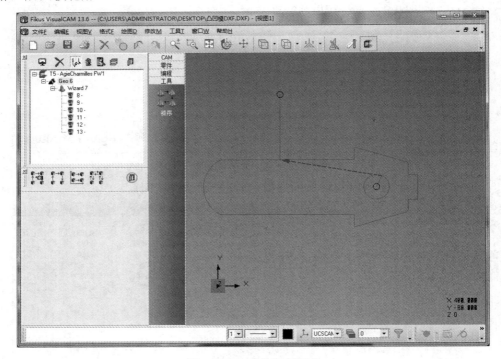

图 3-4-27　变换切割顺序

(6) 使用模拟仿真功能，点击 CAM 栏下模拟图标 ，模拟实际加工效果。图 3-4-28 所示为模拟运行状态。

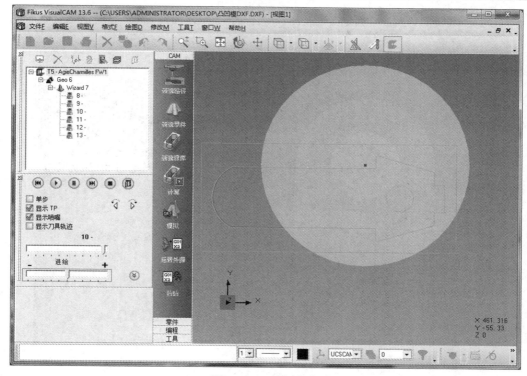

图 3-4-28 模拟仿真

(7) 后处理,将刀路轨迹后置输出为代码程序。将程序选中,然后点击后处理图标 ,设置如图 3-4-29 所示 CNC 程序号为"TUAOMO-2",点击图标 ,生成需要的 G 代码文件并保存在计算机中。

图 3-4-29 程序号设置界面

5. 创建第三轮廓(台阶)加工的程序

(1) 点击创建刀路按钮 ,进入 CAM 环境。

(2) 新建零件:

① 在 CAM 环境中点击新建路径按钮 ,如图 3-4-30 所示。新建路径对话框打开,点击 确认创建路径,向导条自动从 CAM 栏切换至零件栏。

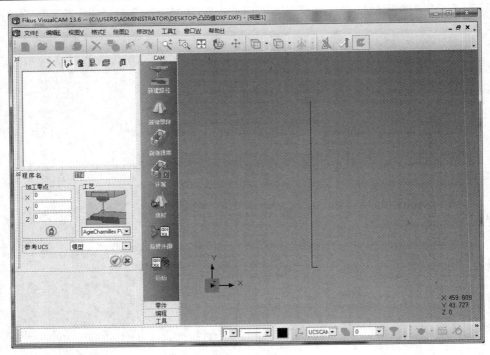

图 3-4-30　新建路径

② 选择第三次切割轮廓。拾取轮廓，接受默认参数并按回车键确认。

③ 点击引入路径按钮，打开如图 3-4-31 所示定义引入路径窗口，选择"长度"的方式。

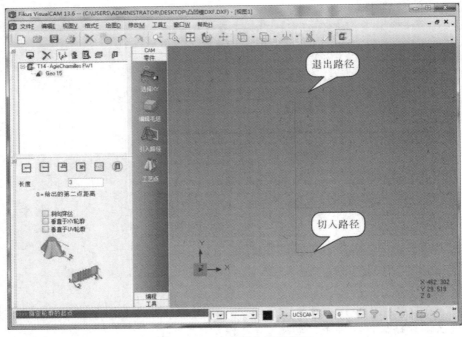

图 3-4-31　定义引入路径窗口

④ 设置高度。在"零件"栏的"几何"项中设置高度 H 值为 8（单位 mm）。

(3) 在"编程"环境下应用快速向导定义程序：

① 点击快速向导按钮 ，选择丝径和切割次数（凸模部分，切 1 修 2），如图 3-4-32 所示。

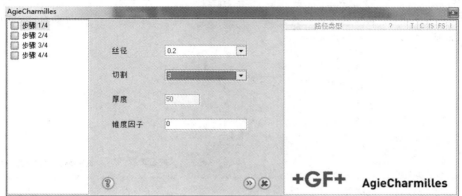

图 3-4-32　快速向导设置

② 定义放电参数，即切割的补偿、切割条件和补偿号，如图 3-4-33 所示。单击下一步按钮 。

图 3-4-33　设置放电参数

③ 设置残料长度为 0（开放式切割凸模台阶部分），如图 3-4-34 所示。

图 3-4-34　残料长度设置

④ 待所有参数定义完毕，点击下一步按钮 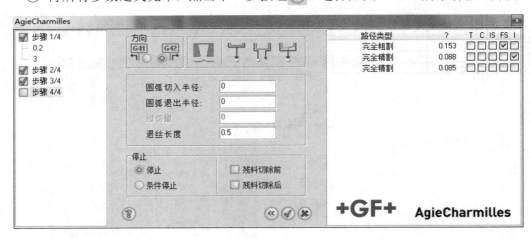，选择如图 3-4-35 所示补偿"方向"。

图 3-4-35　切割方向参数设置

(4) 点击 CAM 环境下的计算按钮 或在程序名上右击鼠标选择计算。

(5) 使用模拟仿真功能，点击 CAM 栏下模拟图标 ，模拟实际加工效果。图 3-4-36 所示为模拟仿真界面。

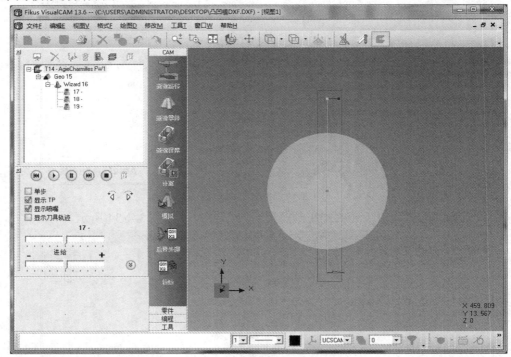

图 3-4-36　模拟仿真界面

(6) 后处理，将刀路轨迹后置输出为代码程序。将程序选中，然后点击后处理图标 ，设置 CNC 程序号为"TUAOMO-3"，如图 3-4-37 所示，点击图标 ，生成需要的 G 代码文件并保存在计算机中。

图 3-4-37 程序号设置界面

6. 查看参考程序

扫描右侧二维码可查看参考程序。

7. 拷贝文件

启动阿奇夏米尔 FW1UP 机床并拷贝程序至机床文件夹。

（二）零件加工

(1) 装夹。采用如图 3-4-38 所示的桥式支撑法将已加工好穿丝孔的零件坯料装夹在横梁上，并调整上导丝嘴高度至 105 mm 位置。

图 3-4-38 桥式支撑法装夹坯料

(2) 调整。使用百分表检测工件表面与机床水平面的平行度，检测标准为整个工件行程内百分表示值在 0.01 mm 以内，如图 3-4-39 所示。

图 3-4-39　平面检测

(3) 穿丝。将电极丝穿过穿丝孔，并执行寻中心指令，如图 3-4-40 所示。

图 3-4-40　穿丝

(4) 首先启动如图 3-4-41 所示锥孔轮廓加工程序(TUAOMO-1)，完毕后启动如图 3-4-42 所示凸凹模轮廓加工程序(TUAOMO-2)。

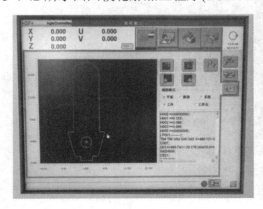
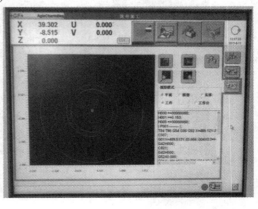

图 3-4-41　屏幕显示锥孔轮廓加工程序　　　　　　　图 3-4-42　屏幕显示凸凹模轮廓加工程序

（5）取下零件，按图 3-4-43 所示悬臂式装夹后加工第三轮廓（台阶）。

图 3-4-43　悬臂式装夹工件

图 3-4-44 所示为加工完毕的凸凹模。

图 3-4-44　凸凹模实物

（三）清洁保养机床

按照机床保养规程，清洁保养机床。

五、任务评价

对本次任务进行评价分析，任务评价内容见表 3-4-1。

表 3-4-1　本任务评价表

项目	序号	评价内容	配分	学生自评	教师评分	得分
编程	1	绘图	5			
	2	刀路设置	5			
	3	程序编辑	5			
	4	文档存储与传输	5			
机床准备	5	检查机床运行	5			
	6	电极丝垂直度调整	10			
零件加工	7	零件装夹	5			
	8	穿丝	5			
	9	寻中心	5			
	10	寻边	5			
	11	机床运行	5			
尺寸检测	12	$8.86^{+0.03}_{0}$	5			
	13	$31.86^{+0.03}_{0}$	5			
	14	$8.36^{+0.02}_{0}$	5			
	15	4.93 ± 0.02	5			
	16	$R4.93^{+0.02}_{0}$	5			
	17	$32°\pm2'$	5			
	18	$\phi3.94^{+0.03}_{0}$	5			
外观检测	19	表面质量	3			
	20	清洁工作	2			
其他	21	安全文明生产（按有关安全文明要求酌情扣 1～5 分，严重的扣 10 分）	扣分			
		总　　分	100			

项目四　慢走丝数控线切割技术简介及实例

任务拓展　精密凸模零件的加工

能力目标

    (1) 认识慢走丝数控线切割机床的基本结构；

    (2) 了解慢走丝数控线切割机床的加工特性；

    (3) 了解慢走丝数控线切割机床的工艺要素；

    (4) 使用慢走丝数控线切割机床完成实例零件的制作。

一、任务描述

    随着模具制造工艺的快速发展，传统的快走丝数控线切割机床已经不能满足模具在加工精度、表面粗糙度方面的苛刻要求，越来越多的慢走丝数控线切割机床被应用于精密模具制造中。它以其优越的加工特点，逐渐成为特种电加工的主力装备，用于加工高精度零件。本任务主要介绍慢走丝数控线切割机床的基本结构、加工特性和工艺要素，并结合实际零件介绍基本的操作要领，同时使用慢走丝数控线切割机床完成如图 4-1-1 所示凸模零件的加工制作。

二、任务分析

    慢走丝数控线切割机床属于高精度加工设备，对运行环境温度和湿度、待加工工件的精度以及操作者的技术水平都有着较高的要求，一般使用在精密模具类零件的加工中。本任务引入的是一个企业承接的外加工单，零件外形表面粗糙度要求较高，尺寸精度要求也很高。本任务需在了解慢走丝数控线切割机床的基本结构、加工特性和工艺参数的情况下完成。慢走丝设备价格高昂，一般在此类机床上加工的零件自身价值很高，操作者加工需要小心谨慎，一旦报废代价很大。

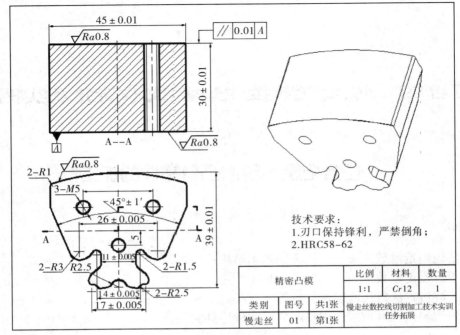

图 4-1-1　精密凸模零件图

三、任务准备

(1) 材料准备：已加工好穿丝孔的 $\phi 80 \times 30DC53$ 淬火件，两表面磨削加工至 $Ra0.8$。

(2) 设备准备：阿奇夏米尔慢走丝数控线切割机床，如图 4-1-2 所示。

(3) 软件准备：Fikus XWire13 编程软件。

(4) 工、量具准备：数控线切割用夹具、杠杆百分表、磁性表座、带表卡尺、502 胶水。

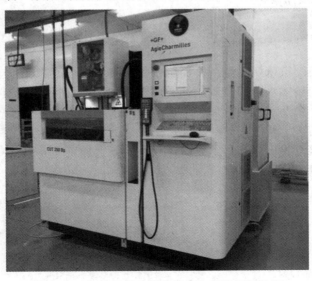

图 4-1-2　阿奇夏米尔慢走丝电火花线切割机床

四、任务实施

慢走丝数控线切割机床的外形结构如图 4-1-3 所示。

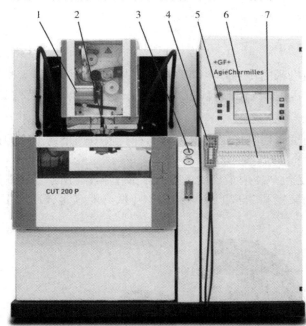

1—储丝筒；
2—UV轴部；
3—电压、电流指示；
4—手控盒；
5—急停开关按钮；
6—键盘；
7—显示屏

图 4-1-3　机床外形结构图

（一）慢走丝数控线切割的加工特性

1. 电极丝的单向运行

慢走丝电火花数控线切割机床把电极丝($\phi 0.1 \sim \phi 0.3$ mm)连接脉冲电源的负极，把被加工工件接正极，当两极间施加一定的电压时，介于间隙中的工作液便产生放电现象，利用瞬间高温，使被加工部位材料剥离与汽化，因而它可以加工各种常规机械加工方法难以加工的材料。同时，由于慢走丝电火花数控线切割机床的电极丝是单向运行的，电极丝不断移动，这样即使电极丝发生损耗，也能进行补充，电极丝的线速度范围约为每秒零点几毫米到几百毫米。这种走丝方式相比中、快走丝线切割的往复使用电极丝更均匀平稳，因此加工的零件表面粗糙度低、加工精度高，但是整机价格与加工成本要比中、快走丝电火花数控线切割机床高很多。

2. 高压冲水

慢走丝数控线切割加工较快走丝数控线切割加工而言，电极丝走丝速度慢的多，而走丝速度慢会导致放电产物不能及时被带出放电的间隙，易造成短路及不稳定放电现象。因此，慢走丝电火花数控线切割加工采取高压冲水的方式来解决排屑问题，而且对冲水条件要求很高，不像快走丝只要有工作液流在工件的切割部位就能满足要求，而是要用高压水把切缝内的废屑冲走，以保证切缝清洁，否则加工效率会下降很快，严重的会造成断丝。

慢走丝一般需要进行多次切割加工，第一次切割作为粗加工，材料去除量大，需要较强的放电参数，且冲水的压力要求也较高；第二次切割主要是修刀，材料去除量很小，一般低冲水压力即可满足加工要求。

（二）慢走丝数控线切割的工艺要素

1. 电极丝的特性要求

慢走丝电火花数控线切割机床的切割效率和切割质量与电极丝的性能紧密相关，对电阻率、机械特性拉伸强度、熔点和汽化压力、记忆效应、延伸率及几何特性也有要求。

2. 电极丝的种类

慢走丝电火花数控线切割机床切割加工用电极丝的种类很多，市场上可用的电极丝大致有以下几类：

(1) 黄铜丝。黄铜丝是慢走丝中使用最广泛的一种，如图 4-1-4 所示。黄铜是紫铜与锌的合金，常见配比为 65% 的紫铜和 35% 的锌。其成本较低，能满足普通加工的需求，得到广泛的应用。

图 4-1-4　黄铜丝

(2) 镀层电极丝。由于低熔点的锌对于改善电极丝的放电性能有着明显的作用，而黄铜中锌的比例受到限制，所以人们想到了在黄铜丝外面再加一层锌，这就产生了镀锌电极丝，并产生了更多新型镀层电极丝。镀层电极丝生产工艺主要有浸渍、电镀、扩散退火三种方法。电极丝的芯材主要有黄铜、紫铜和钢，镀层的材料有锌、紫铜、铜锌合金、银。目前市场上较为成熟的镀层电极丝有普通镀锌电极丝、高精度加工用镀锌电极丝、高速度加工用镀层电极丝、高速度加工用镀锌电极丝、钢芯电极丝等。

3. 电极丝的直径

常用的电极丝直径有 0.2 mm 和 0.25 mm。不同直径的电极丝在切割时的加工效率会有较大差异，主要表现为主切加工。0.2 mm 的电极丝在工件高度小于 10 mm 时可以获得理想的主切效率，但随着工件高度的增加，更粗的电极丝能获得更高的主切效率。0.25 mm 的电极丝与 0.2 mm 的电极丝相比，在高度达到 40 mm 以上时，加工效率提高约 25%，更粗的电极丝可以胜任更大厚度的工件加工。不同直径的电极丝对切割的表面粗糙度没有明显影响，在对拐角没有严格要求的情况下，通常加工时选用 0.25 mm 的电极丝，以便提高加工效率，并可降低断丝概率。

电极丝的选用对慢走丝机床的性能发挥有很大影响，应根据不同的场合选用不同的电极丝。

4. 工作液介质

慢走丝电火花数控线切割加工基于火花放电，必须在具有一定绝缘性能的液体介质中进行。绝缘性能太低，将产生电解而形不成击穿火花放电；绝缘性能太高，则放电间隙小，排屑难，切割速度降低。

纯水作为介质具有流动性好、不易燃、冷却速度快等优势，但因水中离子的导电作用，致使电阻率较低(约为 5 kΩ・cm)，不仅影响放电间隙消电离、延长恢复绝缘的时间，还会产生电解作用。因此，慢走丝机床的工作液一般都用去离子水，电阻率在 10～100 kΩ・cm。去离子水即在纯水中添加离子交换树脂，以控制水的导电率。

慢走丝机床进行特殊精加工时，也可采用绝缘性能更高的油性介质工作液。油性介质工作液可获得比去离子水加工更优越的表面质量，且无电解腐蚀，几乎不产生表面变质层，但切割速度较低，与去离子水相比，加工速度仅为其 1/2～1/5。

（三）编程

1. 绘制零件图形

绘制零件的轮廓图形，并保存为 DXF 文件。本次加工的零件为精密凸模，为了保持加工时的装夹平衡以及加工精度，需在左右两侧均留有工艺搭，为此设置两处穿丝孔。将零件分为上、下两部分轮廓进行切割加工，轮廓起割位置设置在两平行面上，便于加工完成后经磨削与切割轮廓接齐达到精度要求，如图 4-1-5 所示。

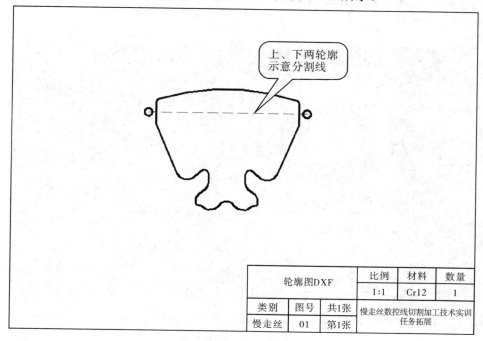

图 4-1-5　切割轮廓线条

2. 打开文件

运行 Fikus XWire13 编程软件，打开如图 4-1-6 所示的 DXF 文件。

图 4-1-6　打开 DXF 文件

3. 确定穿丝孔位置

根据零件图，确定封闭切割所需的穿丝孔位置，如图 4-1-7 所示。

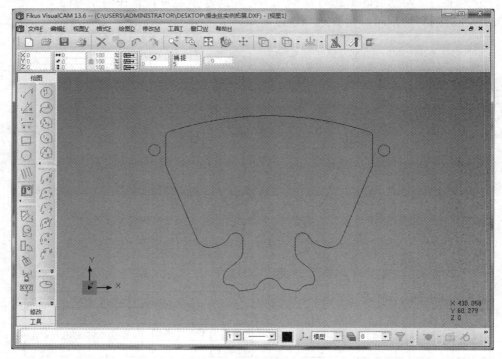

图 4-1-7　确定穿丝孔位置

4. 创建第一轮廓（上部分）加工的程序

(1) 点击创建刀路按钮，进入如图 4-1-8 所示的 CAM 环境中。

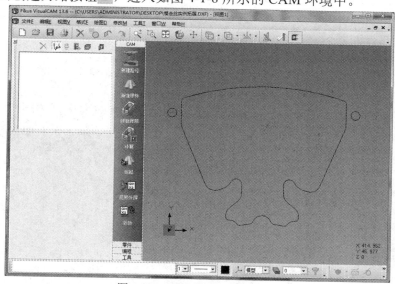

图 4-1-8　进入软件 CAM 环境

(2) 新建零件。

① 在"CAM"环境中点击新建路径按钮，打开"新建路径"对话框。在下拉选项中选择机床类型(默认 FW1)，点击按钮确认创建路径，向导条自动从 CAM 栏切换至零件栏。

② 在零件栏的"几何"项中设置高度 H 值为 30（单位 mm）。

③ 此时在程序管理器一栏中会自动出现一个新的分支，默认命名为"Geo2"。如图 4-1-9 所示，单击选择 XY 的图标，通过拾取轮廓来新建零件。接受默认参数并按回车键确认。

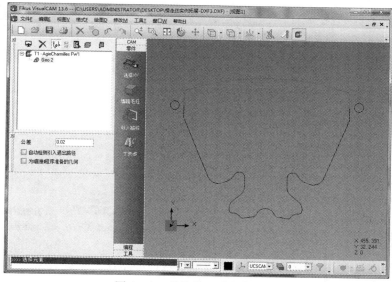

图 4-1-9　拾取第一次切割轮廓

④ 点击引入路径按钮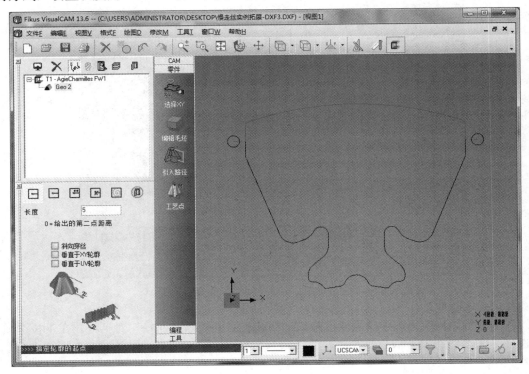，打开如图 4-1-10 所示定义引入路径窗口，选择"长度"的方式，设置长度为 5 mm。该"长度"根据穿丝孔到零件轮廓的距离而定。

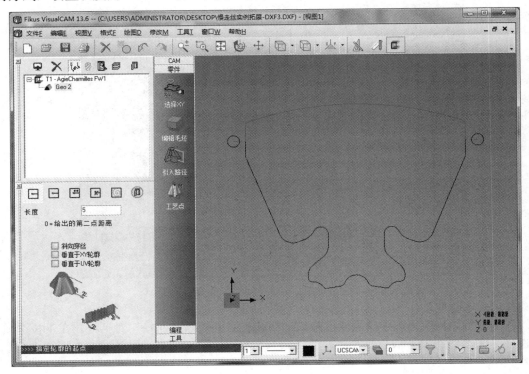

图 4-1-10　定义引入路径窗口

(3) 在"编程"环境下应用快速向导定义程序。

① 点击快速向导按钮，出现如图 4-1-11 所示的"快速向导"对话框，选择丝径和切割次数（3 次，割 1 修 2）后单击下一步按钮。

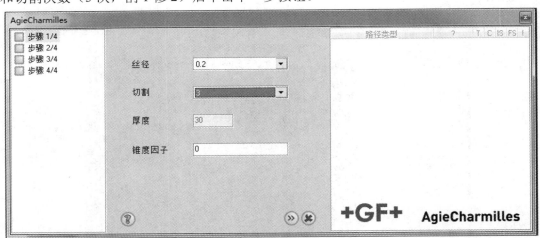

图 4-1-11　"快速向导"对话框

② 定义如图 4-1-12 所示多次切割的放电参数，即多次切割的补偿、切割条件和补偿号，单击下一步按钮。

图 4-1-12　设置放电参数

③ 选择凸模类零件，根据实际零件尺寸合理设置残料长度,如图 4-1-13 所示。

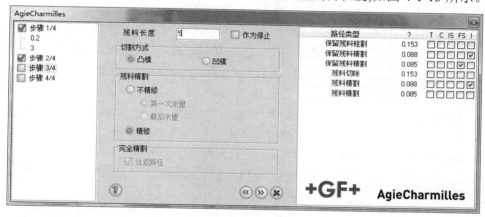

图 4-1-13　残料长度设置

④ 待所有参数定义完毕，点击下一步按钮 ，如图 4-1-14 所示选择补偿"方向"，设置"圆弧切入半径"、"圆弧退出半径"、"过切量"和"退丝长度"等参数，"圆弧切入半径"和"圆弧退出半径"均设置为 0.5 mm。

图 4-1-14　切割方向等参数设置

(4) 点击 CAM 栏下的计算按钮 ▓ 或在程序名上右击鼠标选择计算，如图 4-1-15 所示。

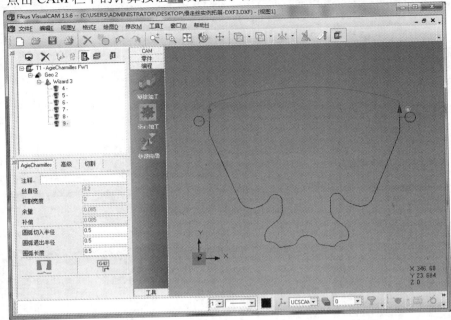

图 4-1-15　生成程序界面

(5) 使用模拟仿真功能，点击 CAM 栏下模拟图标 ▓，模拟实际加工效果。点击按钮 ⊙ 开始模拟，可以看到整个动态的模拟过程，也可以调节模拟速度，点击按钮 ■ 停止模拟，点击按钮 ▯ 退出模拟窗口。图 4-1-16 所示为模拟仿真界面。

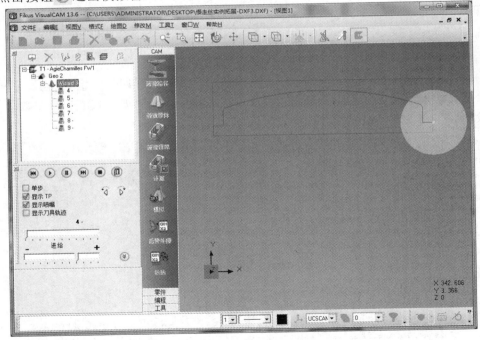

图 4-1-16　模拟仿真界面

（6）后处理，将刀路轨迹后置输出为代码程序。将程序选中，然后点击后处理图标，如图 4-1-17 所示设置"CNC 程序号"名称为"MZSSL1"，点击后处理图标，生成需要的 G 代码文件并保存到计算机中。

图 4-1-17　程序号设置界面

5. 创建第二轮廓(下部分)加工的程序

（1）新建零件。

① 在 CAM 栏中点击新建路径按钮，打开"新建路径"对话框，点击按钮确认，如图 4-1-18 所示。

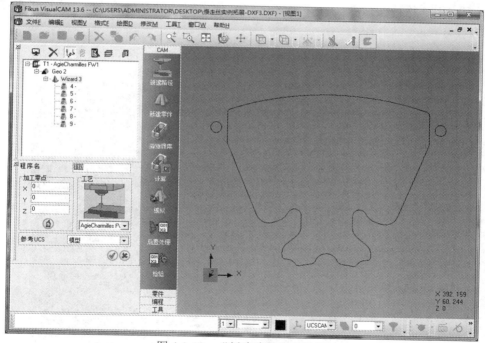

图 4-1-18　"新建路径"对话框

② 在"零件"栏的"几何"项中设置高度 H 值为 30（单位 mm）。

③ 此时在程序管理器一栏中会自动出现一个新的分支，默认命名为"Geo12"。如图 4-1-19 所示单击选择 XY 的图标，通过拾取第二轮廓来新建零件。接受默认参数并按回车键确认。

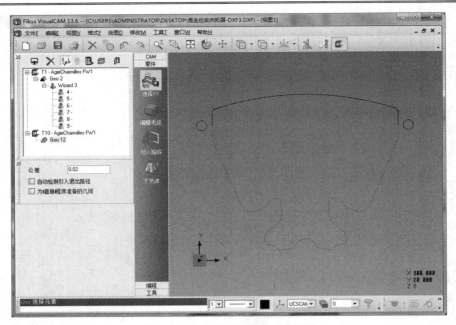

图 4-1-19　拾取第二次切割轮廓

④ 点击引入路径按钮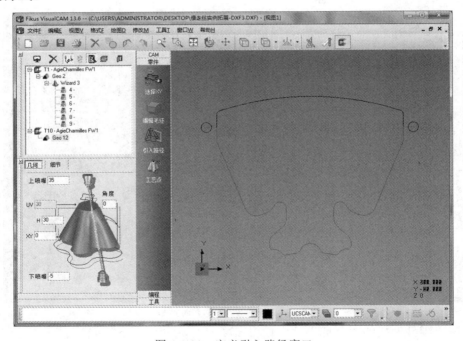，打开如图 4-1-20 所示定义引入路径窗口，再次选择"长度"的方式。

图 4-1-20　定义引入路径窗口

(2) 在"编程"环境下应用快速向导定义程序。

① 点击快速向导按钮，出现如图 4-1-21 所示的"快速向导"对话框，选择丝径和切割次数(3 次，割 1 修 2)后单击下一步按钮。

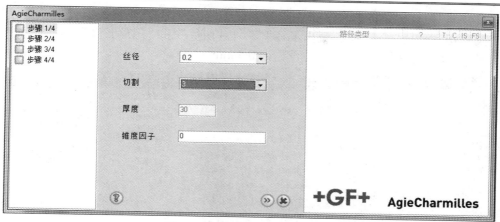

图 4-1-21　"快速向导"对话框

② 定义如图 4-1-22 所示多次切割的放电参数，即多次切割的补偿、切割条件和补偿号，然后单击下一步按钮 》。

图 4-1-22　设置放电参数

③ 选择凸模类零件，根据实际零件尺寸合理设置残料长度，如图 4-1-23 所示。

图 4-1-23　残料长度设置

④ 待所有参数定义完毕，点击下一步按钮■，如图 4-1-24 所示选择补偿"方向"，设置"圆弧切入半径"、"圆弧退出半径"、"过切量"和"退丝长度"等参数，"圆弧切入半径"和"圆弧退出半径"均设置为 0.5 mm。

图 4-1-24　切割方向等参数设置

(3) 点击 CAM 栏下的计算按钮■或在程序名上右击鼠标选择计算，如图 4-1-25 所示。

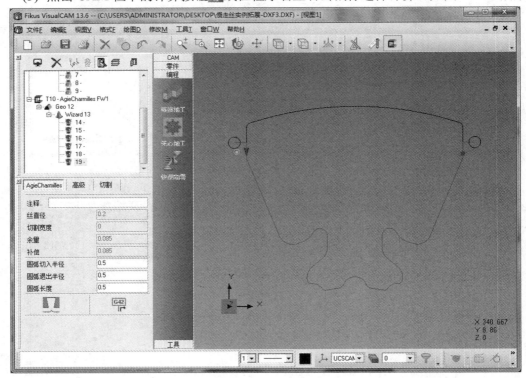

图 4-1-25　生成程序界面

(4) 使用模拟仿真功能，点击 CAM 栏下模拟图标■，模拟实际加工效果。点击按钮■开始模拟，可以看到整个动态的模拟过程，还可以调节模拟速度；点击按钮■停止模拟；点击按钮■退出模拟窗口。图 4-1-26 所示为模拟仿真界面。

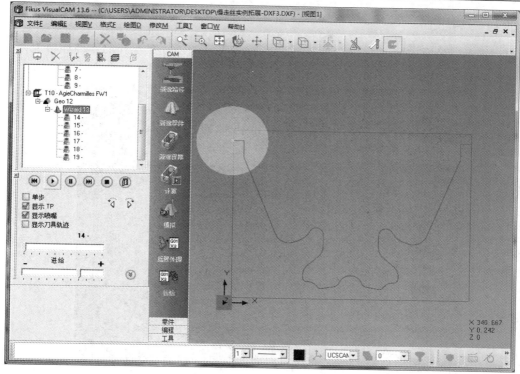

图 4-1-26　模拟仿真界面

　　(5) 后处理,将刀路轨迹后置输出为代码程序。将程序选中,然后点击后处理图标,如图 4-1-27 所示设置"CNC 程序号"名称为"MZSSL2",点击后处理图标,生成需要的 G 代码文件并保存到计算机中。

图 4-1-27　程序号设置界面

6. 查看参考程序

扫描右侧二维码可查看相关参考程序。

7. 拷贝文件

启动阿奇夏米尔 FW1UP 机床并拷贝程序至机床文件夹。

（四）零件加工

(1) 装夹。采用如图 4-1-28 所示的桥式支撑法将已加工好穿丝孔的零件坯料装夹在横梁上。

图 4-1-28　坯料的装夹

(2) 调整。使用千分表检测工件表面与机床横梁水平面的平行度，检测标准为整个工件行程内千分表示值在 0.002 mm 以内。

(3) 穿丝。将铜丝穿过穿丝孔，并执行寻中心指令。

(4) 分别启动零件加工程序 MZSSL1 和 MZSSL2，机床开始工作，如图 4-1-29 所示。

图 4-1-29　精密凸模加工图

（5）加工完毕，取下零件，并将工艺搭部分进行磨削加工处理。图 4-1-30 所示为加工成型的零件。

图 4-1-30　精密凸模实物

（五）清洁保养机床

按机床保养规程，清洁保养机床。

五、任务评价

对本次任务进行评价分析，任务评价内容见表 4-1-1。

表 4-1-1　本任务评价表

项目	序号	评价内容	配分	学生自评	教师评分	得分
基本结构	1	慢走丝机床基本结构组成	5			
加工特性	2	慢走丝电极丝运行特点	4			
	3	高压冲水原理	4			
工艺要素	4	电极丝特性	3			
	5	电极丝种类	3			
	6	电极丝直径	3			
	7	工作液特性	3			
实例拓展	8	图形绘制	8			
	9	程序编制	8			
	10	装夹及对中心	5			
	11	机床运行	5			

项目	序号	评价内容	配分	学生自评	教师评分	得分
成品检测	12	45±0.01	5			
	13	39±0.01	5			
	14	30±0.01	5			
	15	45°±1′	5			
	16	26±0.005	5			
	17	14±0.005	5			
	18	17±0.005	5			
	19	11±0.005	5			
外观检测	20	表面质量	4			
	21	清洁工作	5			
其他	21	安全文明生产（按有关安全文明要求酌情扣1～5分，严重的扣10分）	扣分			
		总　分	100			

附　　录

一、项目二中部分参考程序

任务二　吉他形状开瓶器的制作参考程序

序号	程序代码				
1	B	0 B	8900 B	8900 GY	L2
2	B	0 B	16100 B	42088 GX	NR4
3	B	8717 B	6784 B	8717 GX	L3
4	B	2395 B	3078 B	8423 GX	SR4
5	B	3188 B	1626 B	3188 GX	L1
6	B	8416 B	0 B	8416 GX	L3
7	B	0 B	5100 B	5100 GY	NR2
8	B	0 B	1000 B	1000 GY	L4
9	B	4900 B	0 B	4900 GX	SR4
10	B	23000 B	0 B	23000 GX	L3
11	B	0 B	2900 B	1209 GY	SR3
12	B	2750 B	3832 B	3832 GY	L2
13	B	894 B	641 B	1110 GY	NR1
14	B	631 B	1412 B	1412 GY	L3
15	B	365 B	163 B	474 GY	SR4
16	B	630 B	1411 B	1411 GY	L2
17	B	1004 B	449 B	1302 GY	NR1
18	B	631 B	1411 B	1411 GY	L3
19	B	365 B	163 B	474 GY	SR4
20	B	631 B	1411 B	1411 GY	L2
21	B	1004 B	449 B	2032 GY	NR1
22	B	7064 B	7219 B	6072 GX	NR2
23	B	1064 B	281 B	2032 GY	NR2
24	B	630 B	1413 B	1413 GY	L1
25	B	365 B	163 B	474 GY	SR2
26	B	631 B	1411 B	1411 GY	L4
27	B	1004 B	449 B	1302 GY	NR3
28	B	631 B	1411 B	1411 GY	L1

29	B	365 B	163 B	474 GY	SR2
30	B	630 B	1411 B	1411 GY	L4
31	B	1004 B	449 B	1110 GY	NR3
32	B	2751 B	3831 B	3831 GY	L1
33	B	2356 B	1691 B	2356 GX	SR2
34	B	24102 B	0 B	24102 GX	L1
35	B	0 B	4900 B	4232 GY	SR1
36	B	6043 B	832 B	9703 GX	NR3
37	B	5200 B	3900 B	5200 GX	L1
38	B	1140 B	1520 B	1041 GY	SR2
39	B	2351 B	2734 B	2734 GY	L4
40	B	12209 B	10496 B	12209 GX	NR3
41	B	0 B	8900 B	8900 GY	L4
42	DD				

任务三　伞状弯形挂钩的制作参考程序

序号	程序代码				
1	B	9900 B	0 B	9900 GX	L1
2	B	5100 B	0 B	6943 GY	SR2
3	B	32075 B	3257 B	21538 GX	SR2
4	B	360 B	1040 B	1823 GY	SR2
5	B	6300 B	4767 B	5881 GX	NR2
6	B	504 B	978 B	1192 GX	SR1
7	B	3619 B	7022 B	6927 GX	NR2
8	B	89454 B	0 B	89454 GX	L1
9	B	0 B	4200 B	4200 GY	L4
10	B	89454 B	0 B	89454 GX	L3
11	B	5254 B	5900 B	6927 GX	NR2
12	B	504 B	978 B	1192 GX	SR1
13	B	3619 B	7022 B	11789 GY	NR2
14	B	877 B	663 B	1683 GX	SR1
15	B	10537 B	30470 B	27213 GY	SR3
16	B	3925 B	3257 B	6943 GY	SR4
17	B	9900 B	0 B	9900 GX	L3
18	DD				

任务四　多功能钥匙扣的制作参考程序

序号	程序代码
1	B　2295 B　1325 B　2295 GX　L1
2	B　765 B　1325 B　1325 GY　L2
3	B　20092 B　0 B　20092 GX　L3
4	B　2829 B　4900 B　4900 GY　L3
5	B　2829 B　4900 B　4900 GY　L4
6	B　5658 B　0 B　5658 GX　L1
7	B　1155 B　2000 B　2000 GY　L1
8	B　4619 B　0 B　4619 GX　L1
9	B　577 B　1000 B　1000 GY　L1
10	B　4042 B　0 B　4042 GX　L1
11	B　866 B　1500 B　1500 GY　L1
12	B　3175 B　0 B　3175 GX　L1
13	B　1530 B　2650 B　2650 GY　L1
14	B　765 B　1325 B　1325 GY　L2
15	B　2295 B　1325 B　2295 GX　L3
16	D
17	B　12495 B　0 B　12495 GX　L1
18	D
19	B　180 B　882 B　882 GY　L3
20	B　9600 B　1959 B　9600 GX　L4
21	B　580 B　2841 B　6958 GX　NR3
22	B　9602 B　1960 B　9602 GX　L3
23	B　180 B　882 B　1440 GX　NR2
24	B　180 B　882 B　882 GY　L1
25	D
26	B　19000 B　0 B　19000 GX　L1
27	D
28	B　2900 B　0 B　2900 GX　L3
29	B　0 B　4000 B　4000 GY　L4
30	B　1100 B　0 B　1100 GX　SR4
31	B　9000 B　0 B　9000 GX　L3
32	B　0 B　4900 B　4083 GY　NR2
33	B　1085 B　183 B　1085 GX　SR4

34	B	38084 B	0 B	38084 GX	L3
35	B	0 B	1100 B	1100 GY	SR3
36	B	0 B	18000 B	18000 GY	L2
37	B	1100 B	0 B	1100 GX	SR2
38	B	6000 B	0 B	6000 GX	L1
39	B	0 B	1100 B	1100 GY	SR1
40	B	0 B	2100 B	2100 GY	L4
41	B	3000 B	0 B	3000 GX	L1
42	B	0 B	2100 B	2100 GY	L2
43	B	1100 B	0 B	1100 GX	SR2
44	B	3000 B	0 B	3000 GX	L1
45	B	0 B	1100 B	1100 GY	SR1
46	B	0 B	2400 B	2400 GY	L4
47	B	3300 B	0 B	3300 GX	L1
48	B	0 B	2400 B	2400 GY	L2
49	B	1100 B	0 B	1100 GX	SR2
50	B	18384 B	0 B	18384 GX	L1
51	B	0 B	1100 B	917 GY	SR1
52	B	4831 B	817 B	4831 GX	NR3
53	B	9000 B	0 B	9000 GX	L1
54	B	0 B	1100 B	1100 GY	SR1
55	B	0 B	4000 B	4000 GY	L4
56	B	2900 B	0 B	2900 GX	L1
57	DD				

二、项目三中部分参考程序

任务一 零件 1 "电" 的制作参考程序

序号	程序代码
1	H000 =+00000000;
2	H001 =+0.1;
3	H005 =+00000000;
4	(P001--------);
5	T84 T86 G54 G90 G92 X+37.222Y+55.774;
6	C007;
7	G01X+36.626Y+55.766;G04X0.0+H005;

8	G42H000;
9	C007;
10	G42H000;
11	G01X+36.126Y+55.759;G04 X0.0+H005;
12	G42H001;
13	G01X+36.104Y+57.395;G04X0.0+H005;
14	G01X+36.057Y+59.478;G04X0.0+H005;
15	G01X+35.985Y+61.461;G04X0.0+H005;
16	G01X+39.671Y+59.692;G04X0.0+H005;
17	G01X+38.389Y+58.564;G04X0.0+H005;
18	G01X+38.389Y+52.925;G04X0.0+H005;
19	G01X+38.389Y+51.964;G04X0.0+H005;
20	G01X+38.389Y+44.948;G04X0.0+H005;
21	G01X+48.326Y+44.948;G04X0.0+H005;
22	G01X+48.326Y+51.964;G04X0.0+H005;
23	G01X+39.575Y+51.964;G04X0.0+H005;
24	G01X+39.575Y+52.925;G04X0.0+H005;
25	G01X+48.165Y+52.925;G04X0.0+H005;
26	G01X+49.768Y+54.528;G04X0.0+H005;
27	G01X+52.012Y+52.284;G04X0.0+H005;
28	G01X+50.569Y+51.168;G04X0.0+H005;
29	G01X+50.569Y+49.607;G04X0.0+H005;
30	G01X+50.569Y+48.123;G04X0.0+H005;
31	G01X+50.575Y+46.717;G04X0.0+H005;
32	G01X+50.581Y+45.381;G04X0.0+H005;
33	G01X+50.587Y+44.123;G04X0.0+H005;
34	G01X+50.593Y+42.942;G04X0.0+H005;
35	G01X+50.599Y+41.832;G04X0.0+H005;
36	G01X+50.611Y+40.793;G04X0.0+H005;
37	G01X+50.623Y+39.831;G04X0.0+H005;
38	G01X+50.635Y+38.947;G04X0.0+H005;
39	G01X+50.647Y+38.14;G04X0.0+H005;
40	G01X+50.658Y+37.404;G04X0.0+H005;
41	G01X+50.676Y+36.739;G04X0.0+H005;

42	G01X+50.694Y+36.157;G04X0.0+H005;
43	G01X+50.712Y+35.647;G04X0.0+H005;
44	G01X+50.73Y+35.207;G04X0.0+H005;
45	G01X+48.326Y+34.085;G04X0.0+H005;
46	G01X+48.326Y+36.009;G04X0.0+H005;
47	G01X+39.575Y+36.009;G04X0.0+H005;
48	G01X+39.575Y+36.97;G04X0.0+H005;
49	G01X+48.326Y+36.97;G04X0.0+H005;
50	G01X+48.326Y+43.986;G04X0.0+H005;
51	G01X+38.389Y+43.986;G04X0.0+H005;
52	G01X+38.389Y+36.97;G04X0.0+H005;
53	G01X+38.389Y+36.009;G04X0.0+H005;
54	G01X+38.389Y+28.702;G04X0.0+H005;
55	G01X+38.419Y+28.28;G04X0.0+H005;
56	G01X+38.508Y+27.918;G04X0.0+H005;
57	G01X+38.662Y+27.616;G04X0.0+H005;
58	G01X+38.87Y+27.36;G04X0.0+H005;
59	G01X+39.143Y+27.164;G04X0.0+H005;
60	G01X+39.47Y+27.028;G04X0.0+H005;
61	G01X+39.861Y+26.945;G04X0.0+H005;
62	G01X+40.312Y+26.915;G04X0.0+H005;
63	G01X+51.371Y+26.915;G04X0.0+H005;
64	G01X+51.709Y+26.974;G04X0.0+H005;
65	G01X+52.012Y+27.081;G04X0.0+H005;
66	G01X+52.273Y+27.224;G04X0.0+H005;
67	G01X+52.493Y+27.414;G04X0.0+H005;
68	G01X+52.671Y+27.645;G04X0.0+H005;
69	G01X+52.813Y+27.918;G04X0.0+H005;
70	G01X+52.914Y+28.239;G04X0.0+H005;
71	G01X+52.973Y+28.595;G04X0.0+H005;
72	G01X+53.015Y+29.022;G04X0.0+H005;
73	G01X+53.056Y+29.551;G04X0.0+H005;
74	G01X+53.092Y+30.18;G04X0.0+H005;
75	G01X+53.134Y+30.904;G04X0.0+H005;

76	G01X+53.175Y+31.723;G04X0.0+H005;
77	G01X+53.217Y+32.637;G04X0.0+H005;
78	G01X+53.252Y+33.652;G04X0.0+H005;
79	G01X+53.294Y+34.768;G04X0.0+H005;
80	G01X+54.095Y+34.768;G04X0.0+H005;
81	G01X+54.101Y+33.806;G04X0.0+H005;
82	G01X+54.131Y+32.934;G04X0.0+H005;
83	G01X+54.172Y+32.144;G04X0.0+H005;
84	G01X+54.238Y+31.444;G04X0.0+H005;
85	G01X+54.315Y+30.827;G04X0.0+H005;
86	G01X+54.41Y+30.293;G04X0.0+H005;
87	G01X+54.523Y+29.841;G04X0.0+H005;
88	G01X+54.653Y+29.479;G04X0.0+H005;
89	G01X+54.968Y+28.868;G04X0.0+H005;
90	G01X+55.36Y+28.316;G04X0.0+H005;
91	G01X+55.811Y+27.829;G04X0.0+H005;
92	G01X+56.339Y+27.396;G04X0.0+H005;
93	G01X+56.001Y+26.802;G04X0.0+H005;
94	G01X+55.621Y+26.292;G04X0.0+H005;
95	G01X+55.199Y+25.876;G04X0.0+H005;
96	G01X+54.736Y+25.55;G04X0.0+H005;
97	G01X+54.208Y+25.307;G04X0.0+H005;
98	G01X+53.573Y+25.134;G04X0.0+H005;
99	G01X+52.843Y+25.028;G04X0.0+H005;
100	G01X+52.012Y+24.992;G04X0.0+H005;
101	G01X+39.511Y+24.992;G04X0.0+H005;
102	G01X+38.722Y+25.045;G04X0.0+H005;
103	G01X+38.039Y+25.194;G04X0.0+H005;
104	G01X+37.457Y+25.449;G04X0.0+H005;
105	G01X+36.988Y+25.805;G04X0.0+H005;
106	G01X+36.62Y+26.256;G04X0.0+H005;
107	G01X+36.353Y+26.814;G04X0.0+H005;
108	G01X+36.199Y+27.473;G04X0.0+H005;
109	G01X+36.146Y+28.233;G04X0.0+H005;

110	G01X+36.146Y+36.009;G04X0.0+H005;
111	G01X+36.146Y+36.97;G04X0.0+H005;
112	G01X+36.146Y+43.986;G04X0.0+H005;
113	G01X+26.53Y+43.986;G04X0.0+H005;
114	G01X+26.53Y+36.97;G04X0.0+H005;
115	G01X+34.96Y+36.97;G04X0.0+H005;
116	G01X+34.96Y+36.009;G04X0.0+H005;
117	G01X+26.53Y+36.009;G04X0.0+H005;
118	G01X+26.53Y+33.765;G04X0.0+H005;
119	G01X+24.126Y+32.643;G04X0.0+H005;
120	G01X+24.244Y+38.163;G04X0.0+H005;
121	G01X+24.286Y+43.826;G04X0.0+H005;
122	G01X+24.274Y+46.64;G04X0.0+H005;
123	G01X+24.244Y+49.334;G04X0.0+H005;
124	G01X+24.197Y+51.91;G04X0.0+H005;
125	G01X+24.126Y+54.368;G04X0.0+H005;
126	G01X+26.69Y+52.925;G04X0.0+H005;
127	G01X+34.96Y+52.925;G04X0.0+H005;
128	G01X+34.96Y+51.964;G04X0.0+H005;
129	G01X+26.53Y+51.964;G04X0.0+H005;
130	G01X+26.53Y+44.948;G04X0.0+H005;
131	G01X+36.146Y+44.948;G04X0.0+H005;
132	G01X+36.146Y+51.964;G04X0.0+H005;
133	G01X+36.146Y+52.925;G04X0.0+H005;
134	G01X+36.134Y+55.211;G04X0.0+H005;
135	G01X+36.126Y+55.759;G04X0.0+H005;
136	G40H000G01X+36.626Y+55.766;
137	G01X+37.222Y+55.774;G04X0.0+H005;
138	T85 T87;
139	M00;
140	M05G00X+38.977Y+55.774;
141	M05G00X+38.977Y+79.983;
142	M00;
143	(P002---------);

144	T84 T86 G54 G90 G92 X+38.977Y+79.983;
145	C007;
146	G01X+39.02Y+70.484;G04X0.0+H005;
147	G42H000;
148	C007;
149	G42H000;
150	G01X+39.02Y+69.984;G04 X0.0+H005;
151	G42H001;
152	G01X+29.02Y+69.984;G04X0.0+H005;
153	G01X+29.02Y+67.984;G04X0.0+H005;
154	G01X+18.02Y+67.984;G04X0.0+H005;
155	G01X+18.02Y+52.984;G04X0.0+H005;
156	G01X+16.02Y+52.984;G04X0.0+H005;
157	G01X+16.02Y+32.984;G04X0.0+H005;
158	G01X+18.02Y+32.984;G04X0.0+H005;
159	G01X+18.02Y+17.984;G04X0.0+H005;
160	G01X+29.02Y+17.984;G04X0.0+H005;
161	G01X+29.02Y+15.984;G04X0.0+H005;
162	G01X+49.02Y+15.984;G04X0.0+H005;
163	G01X+49.02Y+17.984;G04X0.0+H005;
164	G01X+60.02Y+17.984;G04X0.0+H005;
165	G01X+60.02Y+32.984;G04X0.0+H005;
166	G01X+62.02Y+32.984;G04X0.0+H005;
167	G01X+62.02Y+52.984;G04X0.0+H005;
168	G01X+60.02Y+52.984;G04X0.0+H005;
169	G01X+60.02Y+67.984;G04X0.0+H005;
170	G01X+49.02Y+67.984;G04X0.0+H005;
171	G01X+49.02Y+69.984;G04X0.0+H005;
172	G01X+39.02Y+69.984;G04X0.0+H005;
173	G40H000G01X+39.02Y+70.484;
174	G01X+38.977Y+79.983;G04X0.0+H005;
175	M00;
176	T85 T87 M02;
177	(:: The Cutting length=　540.741MM);

任务二 小榔头的制作参考程序

序号	程序代码
	第一轮廓 XLT-1
1	H000 =+00000000;
2	H001 =+0.153;
3	H002 =+0.088;
4	H003 =+0.085;
5	H005 =+00000000;
6	(P001---------);
7	T84 T86 G54 G90 G92 X+91.988Y+50.277;
8	C007;
9	G01X+91.975Y+54.777;G04X0.0+H005;
10	G42H000;
11	C821;
12	G42H000;
13	G01X+91.975Y+55.277;G04 X0.0+H005;
14	G42H001;
15	G01X+99.475Y+55.277;G04X0.0+H005;
16	G01X+99.475Y+65.277;G04X0.0+H005;
17	G01X+84.475Y+65.277;G04X0.0+H005;
18	G01X+83.475Y+66.277;G04X0.0+H005;
19	G01X+72.475Y+66.277;G04X0.0+H005;
20	G01X+52.334Y+66.277;G04X0.0+H005;
21	G03X+51.357Y+65.915I+0J-1.5;G04X0.0+H005;
22	G01X+46.821Y+62.022;G04X0.0+H005;
23	G02X+45.675Y+61.466I-1.628J+1.897;G04X0.0+H005;
24	G01X+25.838Y+57.565;G04X0.0+H005;
25	G03X+26.133Y+54.277I+0.295J-1.631;G04X0.0+H005;
26	G01X+83.475Y+54.277;G04X0.0+H005;
27	G01X+84.475Y+55.277;G04X0.0+H005;
28	G01X+86.975Y+55.277;G04X0.0+H005;
29	G40H000G01X+86.975Y+54.777;
30	G01X+87.117Y+54.777;G04X0.0+H005;

31	G01X+87.117Y+54.918;G04X0.0+H005;
32	G01X+86.834Y+54.918;G04X0.0+H005;
33	G01X+86.834Y+54.635;G04X0.0+H005;
34	G01X+87.117Y+54.635;G04X0.0+H005;
35	G01X+87.117Y+54.777;G04X0.0+H005;
36	G01X+86.975Y+54.777;G04X0.0+H005;
37	C822;
38	G41H000;
39	G01X+86.975Y+55.277;G04 X0.0+H005;
40	G41H002;
41	G01X+84.475Y+55.277;G04X0.0+H005;
42	G01X+83.475Y+54.277;G04X0.0+H005;
43	G01X+26.133Y+54.277;G04X0.0+H005;
44	G02X+25.838Y+57.565I+0J+1.657;G04X0.0+H005;
45	G01X+45.675Y+61.466;G04X0.0+H005;
46	G03X+46.821Y+62.022I-0.482J+2.453;G04X0.0+H005;
47	G01X+51.357Y+65.915;G04X0.0+H005;
48	G02X+52.334Y+66.277I+0.977J-1.138;G04X0.0+H005;
49	G01X+72.475Y+66.277;G04X0.0+H005;
50	G01X+83.475Y+66.277;G04X0.0+H005;
51	G01X+84.475Y+65.277;G04X0.0+H005;
52	G01X+99.475Y+65.277;G04X0.0+H005;
53	G01X+99.475Y+55.277;G04X0.0+H005;
54	G01X+91.975Y+55.277;G04X0.0+H005;
55	G40H000G01X+91.975Y+54.777;
56	C823;
57	G42H000;
58	G01X+91.975Y+55.277;G04 X0.0+H005;
59	G42H003;
60	G01X+99.475Y+55.277;G04X0.0+H005;
61	G01X+99.475Y+65.277;G04X0.0+H005;
62	G01X+84.475Y+65.277;G04X0.0+H005;
63	G01X+83.475Y+66.277;G04X0.0+H005;
64	G01X+72.475Y+66.277;G04X0.0+H005;

65	G01X+52.334Y+66.277;G04X0.0+H005;
66	G03X+51.357Y+65.915I+0J-1.5;G04X0.0+H005;
67	G01X+46.821Y+62.022;G04X0.0+H005;
68	G02X+45.675Y+61.466I-1.628J+1.897;G04X0.0+H005;
69	G01X+25.838Y+57.565;G04X0.0+H005;
70	G03X+26.133Y+54.277I+0.295J-1.631;G04X0.0+H005;
71	G01X+83.475Y+54.277;G04X0.0+H005;
72	G01X+84.475Y+55.277;G04X0.0+H005;
73	G01X+86.975Y+55.277;G04X0.0+H005;
74	G40H000G01X+86.975Y+54.777;
75	M00;
76	C821;
77	G42H000;
78	G01X+86.975Y+55.277;G04 X0.0+H005;
79	G42H001;
80	G01X+91.975Y+55.277;G04X0.0+H005;
81	G40H000G01X+91.975Y+54.777;
82	C822;
83	G41H000;
84	G01X+91.975Y+55.277;G04 X0.0+H005;
85	G41H002;
86	G01X+86.975Y+55.277;G04X0.0+H005;
87	G40H000G01X+86.975Y+54.777;
88	C823;
89	G42H000;
90	G01X+86.975Y+55.277;G04 X0.0+H005;
91	G42H003;
92	G01X+91.975Y+55.277;G04X0.0+H005;
93	G40H000G01X+91.975Y+54.777;
94	G01X+91.988Y+50.277;G04X0.0+H005;
95	T85 T87 M02;
96	(:: The Cutting length= 171.270MM);

| \multicolumn{2}{c}{第二轮廓 XLT-2} |
序号	程序代码
1	H000 =+00000000;
2	H001 =+0.153;
3	H002 =+0.088;
4	H003 =+0.085;
5	H005 =+00000000;
6	(P001--------);
7	T84 T86 G54 G90 G92 X+57.38Y+30.402;
8	C007;
9	G01X+57.38Y+27.902;G04X0.0+H005;
10	G41H000;
11	C821;
12	G41H000;
13	G01X+57.38Y+27.402;G04 X0.0+H005;
14	G41H001;
15	G01X+63.38Y+27.402;G04X0.0+H005;
16	G03X+63.38Y+33.402I+0J+3.;G04X0.0+H005;
17	G01X+57.38Y+33.402;G04X0.0+H005;
18	G03X+54.393Y+30.689I+0J-3.;G04X0.0+H005;
19	G40H000G01X+54.891Y+30.641;
20	G01X+55.033Y+30.641;G04X0.0+H005;
21	G01X+55.033Y+30.783;G04X0.0+H005;
22	G01X+54.75Y+30.783;G04X0.0+H005;
23	G01X+54.75Y+30.5;G04X0.0+H005;
24	G01X+55.033Y+30.5;G04X0.0+H005;
25	G01X+55.033Y+30.641;G04X0.0+H005;
26	G01X+54.891Y+30.641;G04X0.0+H005;
27	C822;
28	G42H000;
29	G01X+54.393Y+30.689;G04 X0.0+H005;
30	G42H002;
31	G02X+57.38Y+33.402I+2.987J-0.287;G04X0.0+H005;
32	G01X+63.38Y+33.402;G04X0.0+H005;

33	G02X+63.38Y+27.402I+0J-3.;G04X0.0+H005;
34	G01X+57.38Y+27.402;G04X0.0+H005;
35	G40H000G01X+57.38Y+27.902;
36	C823;
37	G41H000;
38	G01X+57.38Y+27.402;G04 X0.0+H005;
39	G41H003;
40	G01X+63.38Y+27.402;G04X0.0+H005;
41	G03X+63.38Y+33.402I+0J+3.;G04X0.0+H005;
42	G01X+57.38Y+33.402;G04X0.0+H005;
43	G03X+54.393Y+30.689I+0J-3.;G04X0.0+H005;
44	G40H000G01X+54.891Y+30.641;
45	M00;
46	C821;
47	G41H000;
48	G01X+54.393Y+30.689;G04 X0.0+H005;
49	G41H001;
50	G03X+57.38Y+27.402I+2.987J-0.287;G04X0.0+H005;
51	G40H000G01X+57.38Y+27.902;
52	C822;
53	G42H000;
54	G01X+57.38Y+27.402;G04 X0.0+H005;
55	G42H002;
56	G02X+54.393Y+30.689I+0J+3.;G04X0.0+H005;
57	G40H000G01X+54.891Y+30.641;
58	C823;
59	G41H000;
60	G01X+54.393Y+30.689;G04 X0.0+H005;
61	G41H003;
62	G03X+57.38Y+27.402I+2.987J-0.287;G04X0.0+H005;
63	G40H000G01X+57.38Y+27.902;
64	G01X+57.38Y+30.402;G04X0.0+H005;
65	T85 T87;
66	M00;

67	M05G00X+22.88Y+30.402;
68	M05G00X+22.88Y+41.402;
69	M00;
70	(P002--------);
71	T84 T86 G54 G90 G92 X+22.88Y+41.402;
72	C007;
73	G01X+22.88Y+36.902;G04X0.0+H005;
74	G41H000;
75	C821;
76	G41H000;
77	G01X+22.88Y+36.402;G04 X0.0+H005;
78	G41H001;
79	G01X+71.38Y+36.402;G04X0.0+H005;
80	G01X+82.38Y+36.402;G04X0.0+H005;
81	G01X+83.38Y+35.402;G04X0.0+H005;
82	G01X+83.38Y+25.402;G04X0.0+H005;
83	G01X+82.38Y+24.402;G04X0.0+H005;
84	G01X+71.38Y+24.402;G04X0.0+H005;
85	G01X+27.88Y+24.402;G04X0.0+H005;
86	G40H000G01X+27.88Y+23.902;
87	G01X+28.021Y+23.902;G04X0.0+H005;
88	G01X+28.021Y+24.043;G04X0.0+H005;
89	G01X+27.738Y+24.043;G04X0.0+H005;
90	G01X+27.738Y+23.76;G04X0.0+H005;
91	G01X+28.021Y+23.76;G04X0.0+H005;
92	G01X+28.021Y+23.902;G04X0.0+H005;
93	G01X+27.88Y+23.902;G04X0.0+H005;
94	C822;
95	G42H000;
96	G01X+27.88Y+24.402;G04 X0.0+H005;
97	G42H002;
98	G01X+71.38Y+24.402;G04X0.0+H005;
99	G01X+82.38Y+24.402;G04X0.0+H005;
100	G01X+83.38Y+25.402;G04X0.0+H005;

101	G01X+83.38Y+35.402;G04X0.0+H005;
102	G01X+82.38Y+36.402;G04X0.0+H005;
103	G01X+71.38Y+36.402;G04X0.0+H005;
104	G01X+22.88Y+36.402;G04X0.0+H005;
105	G40H000G01X+22.88Y+36.902;
106	C823;
107	G41H000;
108	G01X+22.88Y+36.402;G04 X0.0+H005;
109	G41H003;
110	G01X+71.38Y+36.402;G04X0.0+H005;
111	G01X+82.38Y+36.402;G04X0.0+H005;
112	G01X+83.38Y+35.402;G04X0.0+H005;
113	G01X+83.38Y+25.402;G04X0.0+H005;
114	G01X+82.38Y+24.402;G04X0.0+H005;
115	G01X+71.38Y+24.402;G04X0.0+H005;
116	G01X+27.88Y+24.402;G04X0.0+H005;
117	G40H000G01X+27.88Y+23.902;
118	M00;
119	C821;
120	G41H000;
121	G01X+27.88Y+24.402;G04 X0.0+H005;
122	G41H001;
123	G01X+22.88Y+24.402;G04X0.0+H005;
124	G40H000G01X+22.88Y+23.902;
125	C822;
126	G42H000;
127	G01X+22.88Y+24.402;G04 X0.0+H005;
128	G42H002;
129	G01X+27.88Y+24.402;G04X0.0+H005;
130	G40H000G01X+27.88Y+23.902;
131	C823;
132	G41H000;
133	G01X+27.88Y+24.402;G04 X0.0+H005;
134	G41H003;

135	G01X+22.88Y+24.402;G04X0.0+H005;
136	G40H000G01X+22.88Y+23.902;
137	G01X+22.88Y+19.402;G04X0.0+H005;
138	T85 T87 M02;
139	(:: The Cutting length= 　173.678MM);

第三轮廓 XLT-3

序号	程序代码
1	H000 =+00000000;
2	H001 =+0.153;
3	H002 =+0.088;
4	H003 =+0.085;
5	H005 =+00000000;
6	(P001---------);
7	T84 T86 G54 G90 G92 X+48.499Y+28.561;
8	C007;
9	G01X+48.995Y+25.561;G04X0.0+H005;
10	G41H000;
11	C821;
12	G41H000;
13	G01X+48.495Y+25.561;G04 X0.0+H005;
14	G41H001;
15	G03X+49.495Y+24.561I+1.J+0;G04X0.0+H005;
16	G01X+61.495Y+24.561;G04X0.0+H005;
17	G40H000G01X+61.495Y+25.061;
18	G01X+61.47Y+27.561;G04X0.0+H005;
19	M00;
20	C822;
21	G01X+61.495Y+25.061;G04X0.0+H005;
22	G42H000;
23	G01X+61.495Y+24.561;G04 X0.0+H005;
24	G42H002;
25	G01X+49.495Y+24.561;G04X0.0+H005;
26	G02X+48.495Y+25.561I+0J+1.;G04X0.0+H005;
27	G40H000G01X+48.995Y+25.561;

28	G01X+48.499Y+28.561;G04X0.0+H005;
29	C823;
30	G01X+48.995Y+25.561;G04X0.0+H005;
31	G41H000;
32	G01X+48.495Y+25.561;G04 X0.0+H005;
33	G41H003;
34	G03X+49.495Y+24.561I+1.J+0;G04X0.0+H005;
35	G01X+61.495Y+24.561;G04X0.0+H005;
36	G40H000G01X+61.495Y+25.061;
37	G01X+61.47Y+27.561;G04X0.0+H005;
38	T85 T87 M02;
39	(:: The Cutting length= 20.111MM);

任务三　加工冷冲模凹模参考程序

序号	程序代码
1	H000 =+00000000;
2	H001 =+0.153;
3	H002 =+0.088;
4	H003 =+0.085;
5	H005 =+00000000;
6	(P001---------);
7	T84 T86 G54 G90 G92 X+2895.881Y+1306.892;
8	C007;
9	G01X+2896.938Y+1309.158;G04X0.0+H005;
10	G42H000;
11	C821;
12	G42H000;
13	G01X+2896.67Y+1309.581;G04 X0.0+H005;
14	G42H001;
15	G02X+2897.149Y+1309.611I+0.268J-0.423;G04X0.0+H005;
16	G02X+2898.87Y+1307.154I-1.268J-2.719;G04X0.0+H005;
17	G02X+2894.613Y+1304.174I-2.989J-0.262;G04X0.0+H005;
18	G02X+2897.149Y+1309.611I+1.268J+2.718;G04X0.0+H005;
19	M00;

20	C821;
21	G40H000G01X+2896.938Y+1309.158;
22	C822;
23	G42H000;
24	G01X+2897.149Y+1309.611;G04 X0.0+H005;
25	G42H002;
26	G02X+2898.87Y+1307.154I-1.268J-2.719;G04X0.0+H005;
27	G02X+2894.613Y+1304.174I-2.989J-0.262;G04X0.0+H005;
28	G02X+2897.149Y+1309.611I+1.268J+2.718;G04X0.0+H005;
29	G40H000G01X+2896.938Y+1309.158;
30	C823;
31	G42H000;
32	G01X+2897.149Y+1309.611;G04 X0.0+H005;
33	G42H003;
34	G02X+2898.87Y+1307.154I-1.268J-2.719;G04X0.0+H005;
35	G02X+2894.613Y+1304.174I-2.989J-0.262;G04X0.0+H005;
36	G02X+2897.149Y+1309.611I+1.268J+2.718;G04X0.0+H005;
37	G02X+2897.433Y+1309.225I-0.211J-0.453;G04X0.0+H005;
38	G40H000G01X+2896.938Y+1309.158;
39	G01X+2895.881Y+1306.892;G04X0.0+H005;
40	T85 T87;
41	M00;
42	M05G00X+2923.381Y+1306.892;
43	M05G00X+2923.381Y+1306.892;
44	M00;
45	(P002--------);
46	T84 T86 G54 G90 G92 X+2923.381Y+1306.892;
47	C007;
48	G01X+2923.381Y+1310.892;G04X0.0+H005;
49	G42H000;
50	C821;
51	G42H000;
52	G01X+2922.96Y+1311.163;G04 X0.0+H005;
53	G42H001;

54	G02X+2923.381Y+1311.392I+0.421J-0.271;G04X0.0+H005;
55	G01X+2937.56Y+1311.392;G04X0.0+H005;
56	G02X+2937.56Y+1302.392I-2.179J-4.5;G04X0.0+H005;
57	G01X+2916.881Y+1302.392;G04X0.0+H005;
58	G01X+2916.881Y+1300.66;G04X0.0+H005;
59	G02X+2916.625Y+1300.468I-0.2J+0;G04X0.0+H005;
60	G01X+2908.74Y+1302.787;G04X0.0+H005;
61	G02X+2908.381Y+1303.267I+0.141J+0.48;G04X0.0+H005;
62	G01X+2908.381Y+1310.518;G04X0.0+H005;
63	G02X+2908.74Y+1310.998I+0.5J+0;G04X0.0+H005;
64	G01X+2916.625Y+1313.317;G04X0.0+H005;
65	G02X+2916.881Y+1313.125I+0.056J-0.192;G04X0.0+H005;
66	G01X+2916.881Y+1311.392;G04X0.0+H005;
67	G01X+2923.381Y+1311.392;G04X0.0+H005;
68	M00;
69	C821;
70	G40H000G01X+2923.381Y+1310.892;
71	C822;
72	G42H000;
73	G01X+2923.381Y+1311.392;G04 X0.0+H005;
74	G42H002;
75	G01X+2937.56Y+1311.392;G04X0.0+H005;
76	G02X+2937.56Y+1302.392I-2.179J-4.5;G04X0.0+H005;
77	G01X+2916.881Y+1302.392;G04X0.0+H005;
78	G01X+2916.881Y+1300.66;G04X0.0+H005;
79	G02X+2916.625Y+1300.468I-0.2J+0;G04X0.0+H005;
80	G01X+2908.74Y+1302.787;G04X0.0+H005;
81	G02X+2908.381Y+1303.267I+0.141J+0.48;G04X0.0+H005;
82	G01X+2908.381Y+1310.518;G04X0.0+H005;
83	G02X+2908.74Y+1310.998I+0.5J+0;G04X0.0+H005;
84	G01X+2916.625Y+1313.317;G04X0.0+H005;
85	G02X+2916.881Y+1313.125I+0.056J-0.192;G04X0.0+H005;
86	G01X+2916.881Y+1311.392;G04X0.0+H005;
87	G01X+2923.381Y+1311.392;G04X0.0+H005;

88	G40H000G01X+2923.381Y+1310.892;
89	C823;
90	G42H000;
91	G01X+2923.381Y+1311.392;G04 X0.0+H005;
92	G42H003;
93	G01X+2937.56Y+1311.392;G04X0.0+H005;
94	G02X+2937.56Y+1302.392I-2.179J-4.5;G04X0.0+H005;
95	G01X+2916.881Y+1302.392;G04X0.0+H005;
96	G01X+2916.881Y+1300.66;G04X0.0+H005;
97	G02X+2916.625Y+1300.468I-0.2J+0;G04X0.0+H005;
98	G01X+2908.74Y+1302.787;G04X0.0+H005;
99	G02X+2908.381Y+1303.267I+0.141J+0.48;G04X0.0+H005;
100	G01X+2908.381Y+1310.518;G04X0.0+H005;
101	G02X+2908.74Y+1310.998I+0.5J+0;G04X0.0+H005;
102	G01X+2916.625Y+1313.317;G04X0.0+H005;
103	G02X+2916.881Y+1313.125I+0.056J-0.192;G04X0.0+H005;
104	G01X+2916.881Y+1311.392;G04X0.0+H005;
105	G01X+2923.381Y+1311.392;G04X0.0+H005;
106	G02X+2923.802Y+1311.163I+0J-0.5;G04X0.0+H005;
107	G40H000G01X+2923.381Y+1310.892;
108	G01X+2923.381Y+1306.892;G04X0.0+H005;
109	T85 T87;
110	M00;
111	M05G00X+2950.881Y+1306.892;
112	M05G00X+2950.881Y+1306.892;
113	M00;
114	（ P003-------- ）;
115	T84 T86 G54 G90 G92 X+2950.881Y+1306.892;
116	C007;
117	G01X+2948.391Y+1306.675;G04X0.0+H005;
118	G42H000;
119	C821;
120	G42H000;
121	G01X+2948.158Y+1306.232;G04 X0.0+H005;

122	G42H001;
123	G02X+2947.892Y+1306.631I+0.233J+0.443;G04X0.0+H005;
124	G02X+2953.87Y+1307.154I+2.989J+0.261;G04X0.0+H005;
125	G02X+2949.613Y+1304.174I-2.989J-0.262;G04X0.0+H005;
126	G02X+2947.892Y+1306.631I+1.268J+2.718;G04X0.0+H005;
127	M00;
128	C821;
129	G40H000G01X+2948.391Y+1306.675;
130	C822;
131	G42H000;
132	G01X+2947.892Y+1306.631;G04 X0.0+H005;
133	G42H002;
134	G02X+2953.87Y+1307.154I+2.989J+0.261;G04X0.0+H005;
135	G02X+2949.613Y+1304.174I-2.989J-0.262;G04X0.0+H005;
136	G02X+2947.892Y+1306.631I+1.268J+2.718;G04X0.0+H005;
137	G40H000G01X+2948.391Y+1306.675;
138	C823;
139	G42H000;
140	G01X+2947.892Y+1306.631;G04 X0.0+H005;
141	G42H003;
142	G02X+2953.87Y+1307.154I+2.989J+0.261;G04X0.0+H005;
143	G02X+2949.613Y+1304.174I-2.989J-0.262;G04X0.0+H005;
144	G02X+2947.892Y+1306.631I+1.268J+2.718;G04X0.0+H005;
145	G02X+2948.085Y+1307.07I+0.499J+0.044;G04X0.0+H005;
146	G40H000G01X+2948.391Y+1306.675;
147	G01X+2950.881Y+1306.892;G04X0.0+H005;
148	T85 T87 M02;
149	(:: The Cutting length=　132.938MM);

任务四　加工冷冲模凸凹模参考程序

第一轮廓 TUAOMO-1	
序号	程序代码
1	H000 =+00000000;
2	H001 =+0.153;

3	H005 =+00000000;
4	(P001---------);
5	T84 T86 G54 G90 G92 X+489.12Y-34.51U+0V+0;
6	C007;
7	G01X+489.513Y-33.666;G04X0.0+H005;
8	G42H000;
9	C821;
10	G42H000;
11	G52A0.000;
12	G01X+489.952Y-32.725;G04 X0.0+H005;
13	G42H001;
14	G52A0.617;
15	G02X+491.082Y-34.339I-0.832J-1.785;G04X0.0+H005;
16	G02X+488.287Y-36.296I-1.962J-0.171;G04X0.0+H005;
17	G02X+489.952Y-32.725I+0.833J+1.786;G04X0.0+H005;
18	M00;
19	C821;
20	G40H000G50A0.000G01X+489.513Y-33.666;
21	G01X+489.12Y-34.51;G04X0.0+H005;
22	T85 T87 M02;
23	(:: The Cutting length=　16.318MM);

第二轮廓 TUAOMO-2

序号	程序代码
1	H000 =+00000000;
2	H001 =+0.153;
3	H002 =+0.088;
4	H003 =+0.085;
5	H005 =+00000000;
6	(P001---------);
7	T84 T86 G54 G90 G92 X+489.12Y-34.51;
8	C007;
9	G01X+489.741Y-33.178;G04X0.0+H005;
10	G42H000;
11	C821;

12	G42H000;
13	G01X+489.474Y-32.755;G04 X0.0+H005;
14	G42H001;
15	G02X+489.952Y-32.725I+0.267J-0.423;G04X0.0+H005;
16	G02X+491.082Y-34.339I-0.832J-1.785;G04X0.0+H005;
17	G02X+491.085Y-34.653I-1.962J-0.171;G04X0.0+H005;
18	G40H000G01X+490.586Y-34.617;
19	G01X+490.727Y-34.617;G04X0.0+H005;
20	G01X+490.727Y-34.475;G04X0.0+H005;
21	G01X+490.444Y-34.475;G04X0.0+H005;
22	G01X+490.444Y-34.758;G04X0.0+H005;
23	G01X+490.727Y-34.758;G04X0.0+H005;
24	G01X+490.727Y-34.617;G04X0.0+H005;
25	G01X+490.586Y-34.617;G04X0.0+H005;
26	C822;
27	G41H000;
28	G01X+491.085Y-34.653;G04 X0.0+H005;
29	G41H002;
30	G03X+491.082Y-34.339I-1.965J+0.143;G04X0.0+H005;
31	G03X+489.952Y-32.725I-1.962J-0.171;G04X0.0+H005;
32	G40H000G01X+489.741Y-33.178;
33	C823;
34	G42H000;
35	G01X+489.952Y-32.725;G04 X0.0+H005;
36	G42H003;
37	G02X+491.082Y-34.339I-0.832J-1.785;G04X0.0+H005;
38	G02X+491.085Y-34.653I-1.962J-0.171;G04X0.0+H005;
39	G40H000G01X+490.586Y-34.617;
40	M00;
41	C821;
42	G42H000;
43	G01X+491.085Y-34.653;G04 X0.0+H005;
44	G42H001;
45	G02X+488.287Y-36.296I-1.965J+0.143;G04X0.0+H005;

46	G02X+489.952Y-32.725I+0.833J+1.786;G04X0.0+H005;
47	G40H000G01X+489.741Y-33.178;
48	C822;
49	G41H000;
50	G01X+489.952Y-32.725;G04 X0.0+H005;
51	G41H002;
52	G03X+488.287Y-36.296I-0.832J-1.785;G04X0.0+H005;
53	G03X+491.085Y-34.653I+0.833J+1.786;G04X0.0+H005;
54	G40H000G01X+490.586Y-34.617;
55	C823;
56	G42H000;
57	G01X+491.085Y-34.653;G04 X0.0+H005;
58	G42H003;
59	G02X+488.287Y-36.296I-1.965J+0.143;G04X0.0+H005;
60	G02X+489.952Y-32.725I+0.833J+1.786;G04X0.0+H005;
61	G02X+490.236Y-33.111I-0.211J-0.453;G04X0.0+H005;
62	G40H000G01X+489.741Y-33.178;
63	G01X+489.12Y-34.51;G04X0.0+H005;
64	T85 T87;
65	M00;
66	M05G00X+474.12Y-34.51;
67	M05G00X+474.12Y-19.51;
68	M00;
69	(P002---------);
70	T84 T86 G54 G90 G92 X+474.12Y-19.51;
71	C007;
72	G01X+474.12Y-29.58;G04X0.0+H005;
73	G42H000;
74	C821;
75	G42H000;
76	G01X+474.54Y-29.85;G04 X0.0+H005;
77	G42H001;
78	G02X+474.12Y-30.08I-0.42J+0.27;G04X0.0+H005;
79	G01X+464.956Y-30.08;G04X0.0+H005;

80	G03X+464.956Y-38.94I+2.164J-4.43;G04X0.0+H005;
81	G01X+485.69Y-38.94;G04X0.0+H005;
82	G01X+485.69Y-40.743;G04X0.0+H005;
83	G03X+485.856Y-40.868I+0.13J+0;G04X0.0+H005;
84	G01X+493.741Y-38.549;G04X0.0+H005;
85	G03X+494.05Y-38.136I-0.121J+0.413;G04X0.0+H005;
86	G01X+494.05Y-36.51;G04X0.0+H005;
87	G01X+495.55Y-36.51;G04X0.0+H005;
88	G01X+495.55Y-32.51;G04X0.0+H005;
89	G01X+494.05Y-32.51;G04X0.0+H005;
90	G01X+494.05Y-30.885;G04X0.0+H005;
91	G03X+493.741Y-30.472I-0.43J+0;G04X0.0+H005;
92	G01X+485.856Y-28.153;G04X0.0+H005;
93	G03X+485.69Y-28.278I-0.036J-0.125;G04X0.0+H005;
94	G01X+485.69Y-30.08;G04X0.0+H005;
95	G01X+484.12Y-30.08;G04X0.0+H005;
96	G40H000G01X+484.12Y-29.58;
97	G01X+484.261Y-29.58;G04X0.0+H005;
98	G01X+484.261Y-29.439;G04X0.0+H005;
99	G01X+483.978Y-29.439;G04X0.0+H005;
100	G01X+483.978Y-29.722;G04X0.0+H005;
101	G01X+484.261Y-29.722;G04X0.0+H005;
102	G01X+484.261Y-29.58;G04X0.0+H005;
103	G01X+484.12Y-29.58;G04X0.0+H005;
104	C822;
105	G41H000;
106	G01X+484.12Y-30.08;G04 X0.0+H005;
107	G41H002;
108	G01X+485.69Y-30.08;G04X0.0+H005;
109	G01X+485.69Y-28.278;G04X0.0+H005;
110	G02X+485.856Y-28.153I+0.13J+0;G04X0.0+H005;
111	G01X+493.741Y-30.472;G04X0.0+H005;
112	G02X+494.05Y-30.885I-0.121J-0.413;G04X0.0+H005;
113	G01X+494.05Y-32.51;G04X0.0+H005;

114	G01X+495.55Y-32.51;G04X0.0+H005;
115	G01X+495.55Y-36.51;G04X0.0+H005;
116	G01X+494.05Y-36.51;G04X0.0+H005;
117	G01X+494.05Y-38.136;G04X0.0+H005;
118	G02X+493.741Y-38.549I-0.43J+0;G04X0.0+H005;
119	G01X+485.856Y-40.868;G04X0.0+H005;
120	G02X+485.69Y-40.743I-0.036J+0.125;G04X0.0+H005;
121	G01X+485.69Y-38.94;G04X0.0+H005;
122	G01X+464.956Y-38.94;G04X0.0+H005;
123	G02X+464.956Y-30.08I+2.164J+4.43;G04X0.0+H005;
124	G01X+474.12Y-30.08;G04X0.0+H005;
125	G40H000G01X+474.12Y-29.58;
126	C823;
127	G42H000;
128	G01X+474.12Y-30.08;G04 X0.0+H005;
129	G42H003;
130	G01X+464.956Y-30.08;G04X0.0+H005;
131	G03X+464.956Y-38.94I+2.164J-4.43;G04X0.0+H005;
132	G01X+485.69Y-38.94;G04X0.0+H005;
133	G01X+485.69Y-40.743;G04X0.0+H005;
134	G03X+485.856Y-40.868I+0.13J+0;G04X0.0+H005;
135	G01X+493.741Y-38.549;G04X0.0+H005;
136	G03X+494.05Y-38.136I-0.121J+0.413;G04X0.0+H005;
137	G01X+494.05Y-36.51;G04X0.0+H005;
138	G01X+495.55Y-36.51;G04X0.0+H005;
139	G01X+495.55Y-32.51;G04X0.0+H005;
140	G01X+494.05Y-32.51;G04X0.0+H005;
141	G01X+494.05Y-30.885;G04X0.0+H005;
142	G03X+493.741Y-30.472I-0.43J+0;G04X0.0+H005;
143	G01X+485.856Y-28.153;G04X0.0+H005;
144	G03X+485.69Y-28.278I-0.036J-0.125;G04X0.0+H005;
145	G01X+485.69Y-30.08;G04X0.0+H005;
146	G01X+484.12Y-30.08;G04X0.0+H005;
147	G40H000G01X+484.12Y-29.58;

148	M00;
149	C821;
150	G42H000;
151	G01X+484.12Y-30.08;G04 X0.0+H005;
152	G42H001;
153	G01X+474.12Y-30.08;G04X0.0+H005;
154	G40H000G01X+474.12Y-29.58;
155	C822;
156	G41H000;
157	G01X+474.12Y-30.08;G04 X0.0+H005;
158	G41H002;
159	G01X+484.12Y-30.08;G04X0.0+H005;
160	G40H000G01X+484.12Y-29.58;
161	C823;
162	G42H000;
163	G01X+484.12Y-30.08;G04 X0.0+H005;
164	G42H003;
165	G01X+474.12Y-30.08;G04X0.0+H005;
166	G02X+473.699Y-29.85I+0J+0.5;G04X0.0+H005;
167	G40H000G01X+474.12Y-29.58;
168	G01X+474.12Y-19.51;G04X0.0+H005;
169	T85 T87 M02;
170	(:: The Cutting length=　113.275MM);

<table>
<tbody>
<tr><td colspan="2" align="center">第三轮廓 TUAOMO-3</td></tr>
<tr><td>序号</td><td>程序代码</td></tr>
<tr><td>1</td><td>H000 =+00000000;</td></tr>
<tr><td>2</td><td>H001 =+0.153;</td></tr>
<tr><td>3</td><td>H002 =+0.088;</td></tr>
<tr><td>4</td><td>H003 =+0.085;</td></tr>
<tr><td>5</td><td>H005 =+00000000;</td></tr>
<tr><td>6</td><td>(P001--------);</td></tr>
<tr><td>7</td><td>T84 T86 G54 G90 G92 X+498.55Y-3.558;</td></tr>
<tr><td>8</td><td>C007;</td></tr>
<tr><td>9</td><td>G01X+495.55Y-3.07;G04X0.0+H005;</td></tr>
</tbody>
</table>

10	G42H000;
11	C821;
12	G42H000;
13	G01X+495.55Y-3.57;G04 X0.0+H005;
14	G42H001;
15	G01X+494.05Y-3.57;G04X0.0+H005;
16	G01X+494.05Y+41.43;G04X0.0+H005;
17	G40H000G01X+494.55Y+41.43;
18	G01X+497.05Y+41.414;G04X0.0+H005;
19	M00;
20	C822;
21	G01X+494.55Y+41.43;G04X0.0+H005;
22	G41H000;
23	G01X+494.05Y+41.43;G04 X0.0+H005;
24	G41H002;
25	G01X+494.05Y-3.57;G04X0.0+H005;
26	G01X+495.55Y-3.57;G04X0.0+H005;
27	G40H000G01X+495.55Y-3.07;
28	G01X+498.55Y-3.558;G04X0.0+H005;
29	C823;
30	G01X+495.55Y-3.07;G04X0.0+H005;
31	G42H000;
32	G01X+495.55Y-3.57;G04 X0.0+H005;
33	G42H003;
34	G01X+494.05Y-3.57;G04X0.0+H005;
35	G01X+494.05Y+41.43;G04X0.0+H005;
36	G40H000G01X+494.55Y+41.43;
37	G01X+497.05Y+41.414;G04X0.0+H005;
38	T85 T87 M02;
39	(:: The Cutting length=　53.039MM);

三、项目四中参考程序

任务　精密凸模零件的加工参考程序

第一轮廓	
序号	程序代码
1	H000 =+00000000;

2	H001 =+0.153;
3	H002 =+0.088;
4	H003 =+0.085;
5	H005 =+00000000;
6	(P001---------);
7	T84 T86 G54 G90 G92 X+457.322Y+26.151;
8	C007;
9	G01X+452.822Y+26.151;G04X0.0+H005;
10	G42H000;
11	C821;
12	G42H000;
13	G01X+452.552Y+25.73;G04 X0.0+H005;
14	G42H001;
15	G02X+452.322Y+26.151I+0.27J+0.421;G04X0.0+H005;
16	G01X+452.322Y+32.74;G04X0.0+H005;
17	G03X+451.021Y+34.557I-1.92J+0;G04X0.0+H005;
18	G03X+363.784Y+34.557I-43.619J-128.203;G04X0.0+H005;
19	G03X+362.482Y+32.74I+0.618J-1.817;G04X0.0+H005;
20	G01X+362.482Y+31.151;G04X0.0+H005;
21	G40H000G01X+361.982Y+31.151;
22	G01X+362.124Y+31.151;G04X0.0+H005;
23	G01X+362.124Y+31.292;G04X0.0+H005;
24	G01X+361.841Y+31.292;G04X0.0+H005;
25	G01X+361.841Y+31.009;G04X0.0+H005;
26	G01X+362.124Y+31.009;G04X0.0+H005;
27	G01X+362.124Y+31.151;G04X0.0+H005;
28	G01X+361.982Y+31.151;G04X0.0+H005;
29	C822;
30	G41H000;
31	G01X+362.482Y+31.151;G04 X0.0+H005;
32	G41H002;
33	G01X+362.482Y+32.74;G04X0.0+H005;
34	G02X+363.784Y+34.557I+1.92J+0;G04X0.0+H005;
35	G02X+451.021Y+34.557I+43.618J-128.203;G04X0.0+H005;

36	G02X+452.322Y+32.74I-0.619J-1.817;G04X0.0+H005;
37	G01X+452.322Y+26.151;G04X0.0+H005;
38	G40H000G01X+452.822Y+26.151;
39	C823;
40	G42H000;
41	G01X+452.322Y+26.151;G04 X0.0+H005;
42	G42H003;
43	G01X+452.322Y+32.74;G04X0.0+H005;
44	G03X+451.021Y+34.557I-1.92J+0;G04X0.0+H005;
45	G03X+363.784Y+34.557I-43.619J-128.203;G04X0.0+H005;
46	G03X+362.482Y+32.74I+0.618J-1.817;G04X0.0+H005;
47	G01X+362.482Y+31.151;G04X0.0+H005;
48	G40H000G01X+361.982Y+31.151;
49	M00;
50	C821;
51	G42H000;
52	G01X+362.482Y+31.151;G04 X0.0+H005;
53	G42H001;
54	G01X+362.482Y+26.151;G04X0.0+H005;
55	G40H000G01X+361.982Y+26.151;
56	C822;
57	G41H000;
58	G01X+362.482Y+26.151;G04 X0.0+H005;
59	G41H002;
60	G01X+362.482Y+31.151;G04X0.0+H005;
61	G40H000G01X+361.982Y+31.151;
62	C823;
63	G42H000;
64	G01X+362.482Y+31.151;G04 X0.0+H005;
65	G42H003;
66	G01X+362.482Y+26.151;G04X0.0+H005;
67	G02X+362.253Y+25.73I-0.5J+0;G04X0.0+H005;
68	G40H000G01X+361.982Y+26.151;
69	G01X+357.482Y+26.151;G04X0.0+H005;

70	T85 T87 M02;
71	(:: The Cutting length=　113.771MM);
	第二轮廓
序号	**程序代码**
1	H000 =+00000000;
2	H001 =+0.153;
3	H002 =+0.088;
4	H003 =+0.085;
5	H005 =+00000000;
6	(P001---------);
7	T84 T86 G54 G90 G92 X+357.482Y+26.151;
8	C007;
9	G01X+361.982Y+26.151;G04X0.0+H005;
10	G42H000;
11	C821;
12	G42H000;
13	G01X+362.253Y+26.571;G04 X0.0+H005;
14	G42H001;
15	G02X+362.482Y+26.151I-0.271J-0.42;G04X0.0+H005;
16	G01X+362.482Y+19.562;G04X0.0+H005;
17	G03X+362.629Y+18.827I+1.92J+0;G04X0.0+H005;
18	G01X+369.347Y+2.608;G04X0.0+H005;
19	G01X+376.065Y-13.611;G04X0.0+H005;
20	G03X+383.559Y-16.908I+5.469J+2.266;G04X0.0+H005;
21	G01X+385.813Y-16.088;G04X0.0+H005;
22	G03X+390.159Y-12.246I-2.708J+7.442;G04X0.0+H005;
23	G02X+395.982Y-13.646I+2.743J-1.4;G04X0.0+H005;
24	G01X+395.982Y-18.648;G04X0.0+H005;
25	G02X+393.811Y-23.305I-6.08J+0;G04X0.0+H005;
26	G01X+389.697Y-26.757;G04X0.0+H005;
27	G03X+387.792Y-32.851I+3.805J-4.535;G04X0.0+H005;
28	G03X+389.265Y-33.893I+1.369J+0.374;G04X0.0+H005;
29	G02X+393.901Y-36.203I+0.369J-5.067;G04X0.0+H005;
30	G03X+395.388Y-36.822I+1.193J+0.77;G04X0.0+H005;

31	G02X+400.361Y-35.994I+12.014J-56.824;G04X0.0+H005;
32	G03X+402.706Y-34.209I-0.354J+2.898;G04X0.0+H005;
33	G02X+412.099Y-34.209I+4.696J-1.937;G04X0.0+H005;
34	G03X+414.444Y-35.994I+2.699J+1.113;G04X0.0+H005;
35	G02X+419.417Y-36.822I-7.042J-57.652;G04X0.0+H005;
36	G03X+420.904Y-36.203I+0.294J+1.389;G04X0.0+H005;
37	G02X+425.54Y-33.893I+4.267J-2.757;G04X0.0+H005;
38	G03X+427.013Y-32.851I+0.104J+1.416;G04X0.0+H005;
39	G03X+425.108Y-26.757I-5.711J+1.559;G04X0.0+H005;
40	G01X+420.994Y-23.305;G04X0.0+H005;
41	G02X+418.822Y-18.648I+3.908J+4.657;G04X0.0+H005;
42	G01X+418.822Y-13.646;G04X0.0+H005;
43	G02X+424.646Y-12.246I+3.08J+0;G04X0.0+H005;
44	G03X+428.992Y-16.088I+7.054J+3.6;G04X0.0+H005;
45	G01X+431.246Y-16.908;G04X0.0+H005;
46	G03X+438.74Y-13.611I+2.025J+5.563;G04X0.0+H005;
47	G01X+445.458Y+2.608;G04X0.0+H005;
48	G01X+452.176Y+18.827;G04X0.0+H005;
49	G03X+452.322Y+19.562I-1.774J+0.735;G04X0.0+H005;
50	G01X+452.322Y+21.151;G04X0.0+H005;
51	G40H000G01X+452.822Y+21.151;
52	G01X+452.964Y+21.151;G04X0.0+H005;
53	G01X+452.964Y+21.292;G04X0.0+H005;
54	G01X+452.681Y+21.292;G04X0.0+H005;
55	G01X+452.681Y+21.009;G04X0.0+H005;
56	G01X+452.964Y+21.009;G04X0.0+H005;
57	G01X+452.964Y+21.151;G04X0.0+H005;
58	G01X+452.822Y+21.151;G04X0.0+H005;
59	C822;
60	G41H000;
61	G01X+452.322Y+21.151;G04 X0.0+H005;
62	G41H002;
63	G01X+452.322Y+19.562;G04X0.0+H005;
64	G02X+452.176Y+18.827I-1.92J+0;G04X0.0+H005;

65	G01X+445.458Y+2.608;G04X0.0+H005;
66	G01X+438.74Y-13.611;G04X0.0+H005;
67	G02X+431.246Y-16.908I-5.469J+2.266;G04X0.0+H005;
68	G01X+428.992Y-16.088;G04X0.0+H005;
69	G02X+424.646Y-12.246I+2.708J+7.442;G04X0.0+H005;
70	G03X+418.822Y-13.646I-2.744J-1.4;G04X0.0+H005;
71	G01X+418.822Y-18.648;G04X0.0+H005;
72	G03X+420.994Y-23.305I+6.08J+0;G04X0.0+H005;
73	G01X+425.108Y-26.757;G04X0.0+H005;
74	G02X+427.013Y-32.851I-3.806J-4.535;G04X0.0+H005;
75	G02X+425.54Y-33.893I-1.369J+0.374;G04X0.0+H005;
76	G03X+420.904Y-36.203I-0.369J-5.067;G04X0.0+H005;
77	G02X+419.417Y-36.822I-1.193J+0.77;G04X0.0+H005;
78	G03X+414.444Y-35.994I-12.015J-56.824;G04X0.0+H005;
79	G02X+412.099Y-34.209I+0.354J+2.898;G04X0.0+H005;
80	G03X+402.706Y-34.209I-4.697J-1.937;G04X0.0+H005;
81	G02X+400.361Y-35.994I-2.699J+1.113;G04X0.0+H005;
82	G03X+395.388Y-36.822I+7.041J-57.652;G04X0.0+H005;
83	G02X+393.901Y-36.203I-0.294J+1.389;G04X0.0+H005;
84	G03X+389.265Y-33.893I-4.267J-2.757;G04X0.0+H005;
85	G02X+387.792Y-32.851I-0.104J+1.416;G04X0.0+H005;
86	G02X+389.697Y-26.757I+5.71J+1.559;G04X0.0+H005;
87	G01X+393.811Y-23.305;G04X0.0+H005;
88	G03X+395.982Y-18.648I-3.909J+4.657;G04X0.0+H005;
89	G01X+395.982Y-13.646;G04X0.0+H005;
90	G03X+390.159Y-12.246I-3.08J+0;G04X0.0+H005;
91	G02X+385.813Y-16.088I-7.054J+3.6;G04X0.0+H005;
92	G01X+383.559Y-16.908;G04X0.0+H005;
93	G02X+376.065Y-13.611I-2.025J+5.563;G04X0.0+H005;
94	G01X+369.347Y+2.608;G04X0.0+H005;
95	G01X+362.629Y+18.827;G04X0.0+H005;
96	G02X+362.482Y+19.562I+1.773J+0.735;G04X0.0+H005;
97	G01X+362.482Y+26.151;G04X0.0+H005;
98	G40H000G01X+361.982Y+26.151;

99	C823;
100	G42H000;
101	G01X+362.482Y+26.151;G04 X0.0+H005;
102	G42H003;
103	G01X+362.482Y+19.562;G04X0.0+H005;
104	G03X+362.629Y+18.827I+1.92J+0;G04X0.0+H005;
105	G01X+369.347Y+2.608;G04X0.0+H005;
106	G01X+376.065Y-13.611;G04X0.0+H005;
107	G03X+383.559Y-16.908I+5.469J+2.266;G04X0.0+H005;
108	G01X+385.813Y-16.088;G04X0.0+H005;
109	G03X+390.159Y-12.246I-2.708J+7.442;G04X0.0+H005;
110	G02X+395.982Y-13.646I+2.743J-1.4;G04X0.0+H005;
111	G01X+395.982Y-18.648;G04X0.0+H005;
112	G02X+393.811Y-23.305I-6.08J+0;G04X0.0+H005;
113	G01X+389.697Y-26.757;G04X0.0+H005;
114	G03X+387.792Y-32.851I+3.805J-4.535;G04X0.0+H005;
115	G03X+389.265Y-33.893I+1.369J+0.374;G04X0.0+H005;
116	G02X+393.901Y-36.203I+0.369J-5.067;G04X0.0+H005;
117	G03X+395.388Y-36.822I+1.193J+0.77;G04X0.0+H005;
118	G02X+400.361Y-35.994I+12.014J-56.824;G04X0.0+H005;
119	G03X+402.706Y-34.209I-0.354J+2.898;G04X0.0+H005;
120	G02X+412.099Y-34.209I+4.696J-1.937;G04X0.0+H005;
121	G03X+414.444Y-35.994I+2.699J+1.113;G04X0.0+H005;
122	G02X+419.417Y-36.822I-7.042J-57.652;G04X0.0+H005;
123	G03X+420.904Y-36.203I+0.294J+1.389;G04X0.0+H005;
124	G02X+425.54Y-33.893I+4.267J-2.757;G04X0.0+H005;
125	G03X+427.013Y-32.851I+0.104J+1.416;G04X0.0+H005;
126	G03X+425.108Y-26.757I-5.711J+1.559;G04X0.0+H005;
127	G01X+420.994Y-23.305;G04X0.0+H005;
128	G02X+418.822Y-18.648I+3.908J+4.657;G04X0.0+H005;
129	G01X+418.822Y-13.646;G04X0.0+H005;
130	G02X+424.646Y-12.246I+3.08J+0;G04X0.0+H005;
131	G03X+428.992Y-16.088I+7.054J+3.6;G04X0.0+H005;
132	G01X+431.246Y-16.908;G04X0.0+H005;

133	G03X+438.74Y-13.611I+2.025J+5.563;G04X0.0+H005;
134	G01X+445.458Y+2.608;G04X0.0+H005;
135	G01X+452.176Y+18.827;G04X0.0+H005;
136	G03X+452.322Y+19.562I-1.774J+0.735;G04X0.0+H005;
137	G01X+452.322Y+21.151;G04X0.0+H005;
138	G40H000G01X+452.822Y+21.151;
139	M00;
140	C821;
141	G42H000;
142	G01X+452.322Y+21.151;G04 X0.0+H005;
143	G42H001;
144	G01X+452.322Y+26.151;G04X0.0+H005;
145	G40H000G01X+452.822Y+26.151;
146	C822;
147	G41H000;
148	G01X+452.322Y+26.151;G04 X0.0+H005;
149	G41H002;
150	G01X+452.322Y+21.151;G04X0.0+H005;
151	G40H000G01X+452.822Y+21.151;
152	C823;
153	G42H000;
154	G01X+452.322Y+21.151;G04 X0.0+H005;
155	G42H003;
156	G01X+452.322Y+26.151;G04X0.0+H005;
157	G02X+452.552Y+26.571I+0.5J+0;G04X0.0+H005;
158	G40H000G01X+452.822Y+26.151;
159	G01X+457.322Y+26.151;G04X0.0+H005;
160	T85 T87 M02;
161	(:: The Cutting length=　234.410MM);